唐代冠服图志

闫亮 著

江苏人民出版社

图书在版编目（CIP）数据

唐代冠服图志 / 闫亮著 . -- 南京：江苏人民出版社，2024. 8. -- ISBN 978-7-214-29326-8

Ⅰ. TS941.742.42

中国国家版本馆 CIP 数据核字第 20240CF553 号

书　　名	唐代冠服图志
著　　者	闫　亮
项目策划	高　申
责任编辑	刘　焱
特约编辑	高　申
出版发行	江苏人民出版社
出版社地址	南京市湖南路1号A楼，邮编：210009
总　经　销	天津凤凰空间文化传媒有限公司
总经销网址	http://www.ifengspace.cn
印　　刷	雅迪云印（天津）科技有限公司
开　　本	710 mm×1000 mm　1/16
字　　数	80千字
印　　张	10
版　　次	2024年8月第1版　2024年8月第1次印刷
标准书号	ISBN 978-7-214-29326-8
定　　价	78.00元

（江苏人民出版社图书凡印装错误可向承印厂调换）

序

我喜欢研究唐代服饰，也喜欢绘图，在本书中我将唐代冠服研究成果通过图志的形式展现出来。全书分为冠服基础、冠服解说、冠服展示三卷，较全面地展现了唐代天子、皇后、皇太子、群臣、女官、士庶、军卫的冠服形制。书中内容，均以史志、壁画、石刻、陶俑等为主要参照依据，其中配文上方的文言部分，大多为相关史志原文，是制图的文字依据。希望此书能给相关爱好者提供一些参考和帮助，是为序。

闫亮

2023 年 6 月

目录

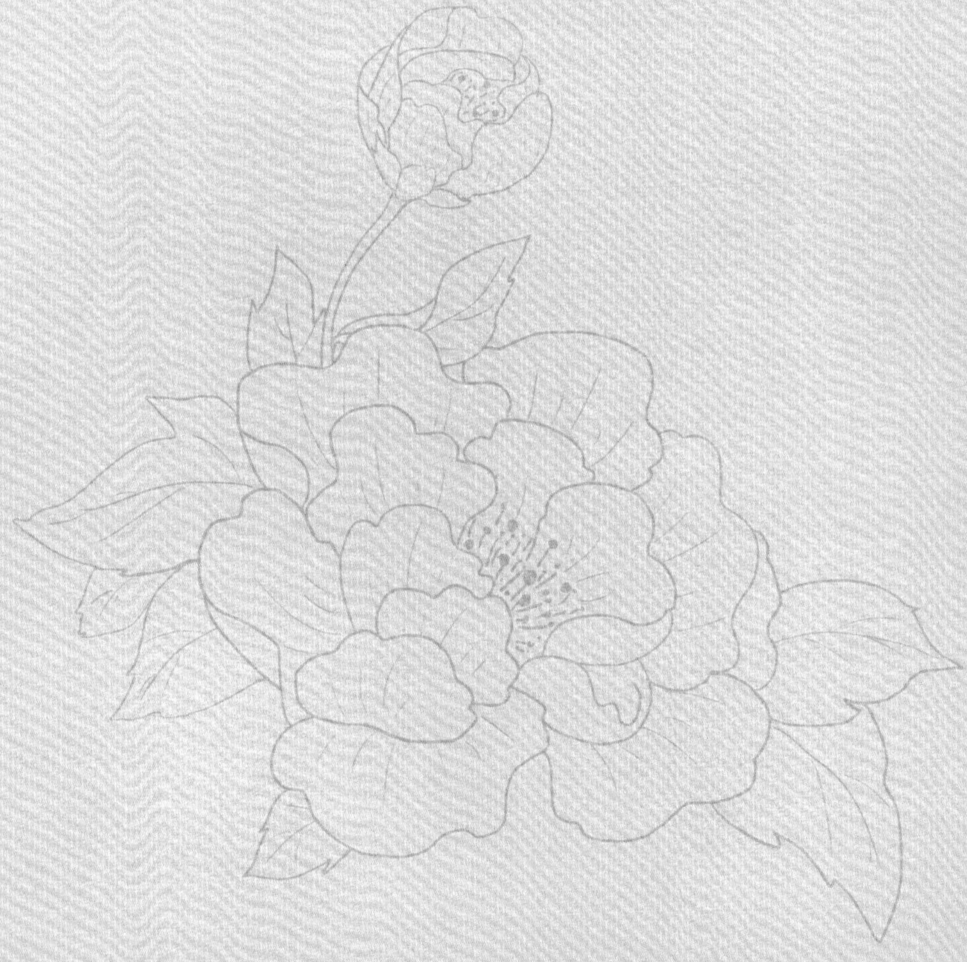

一 冠服基础

冕

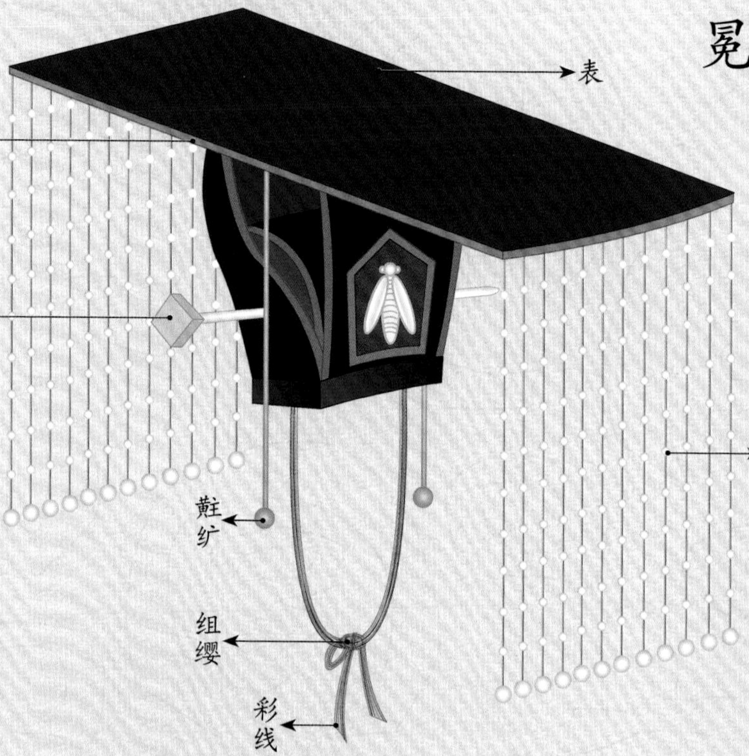

缨

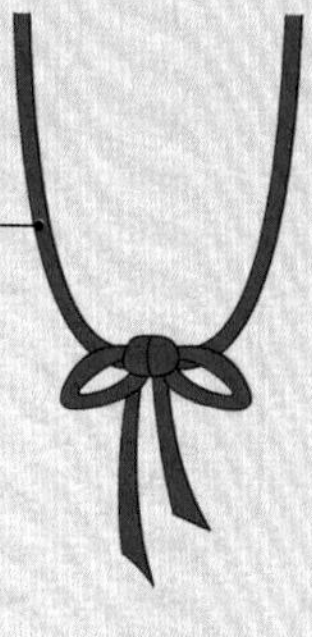

组缨

发缨

钗

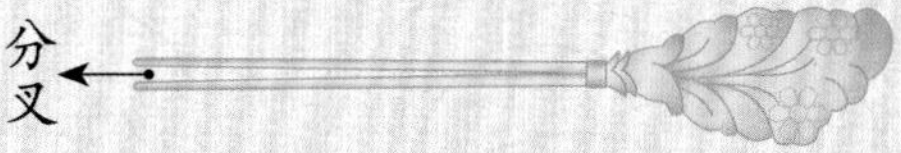

簪

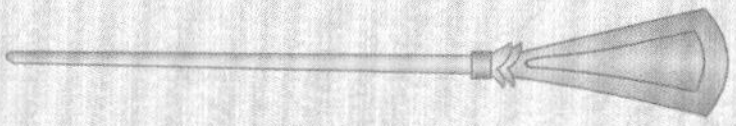

博鬓

钿

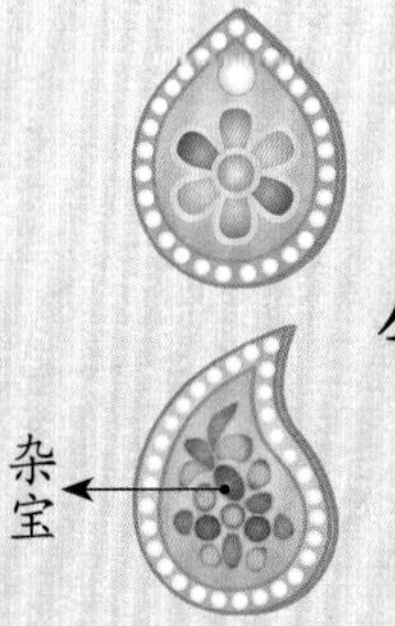

花树

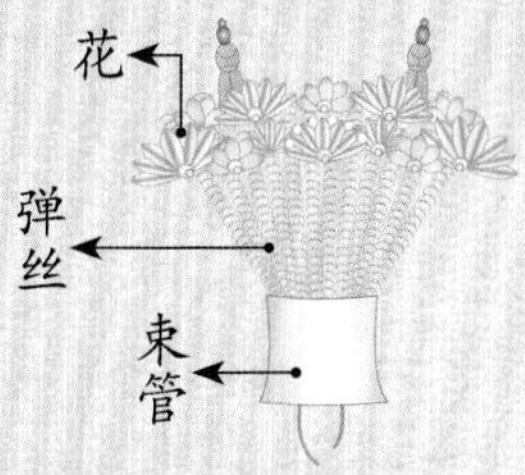

单髻

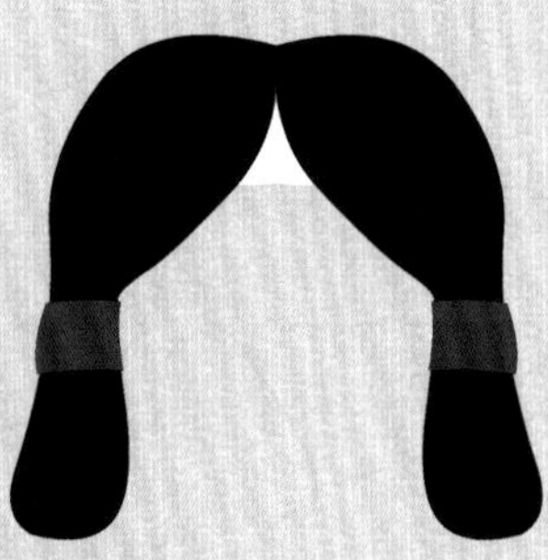

双髻

三髻

领

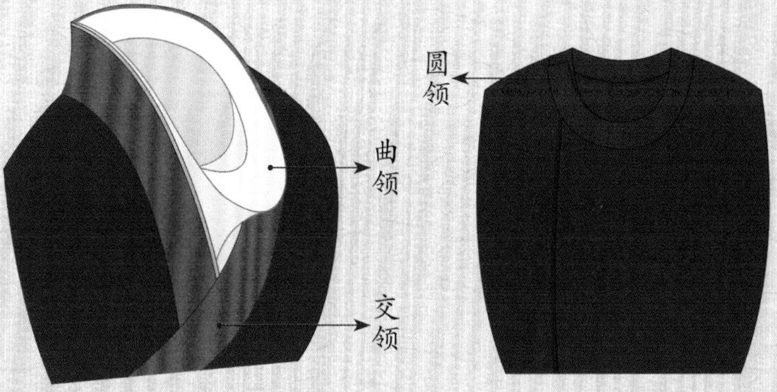

袖

十二章纹（一）

月

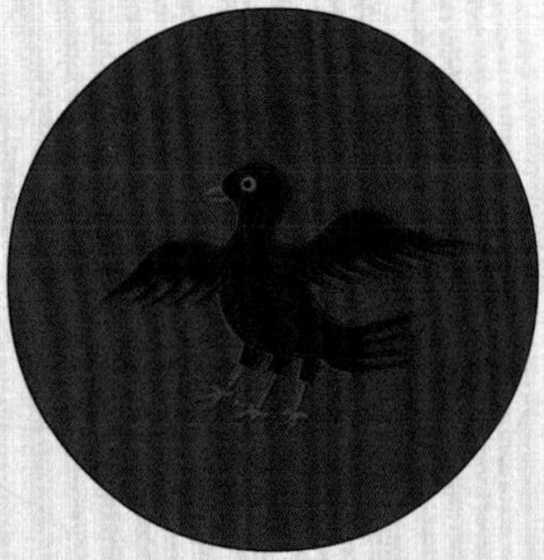

日

山

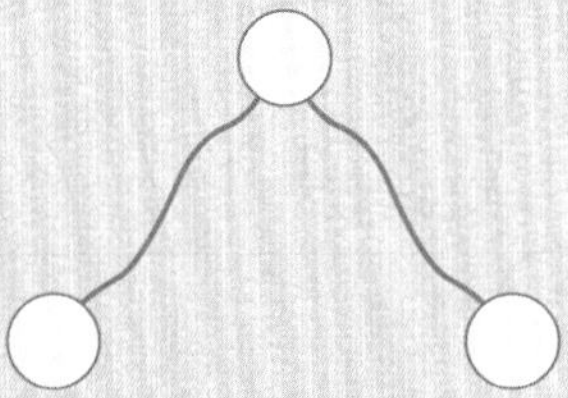

星辰

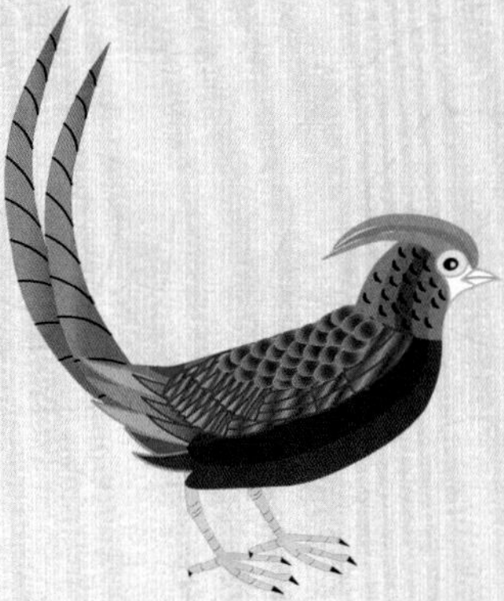

华虫

龙

十二章纹（二）

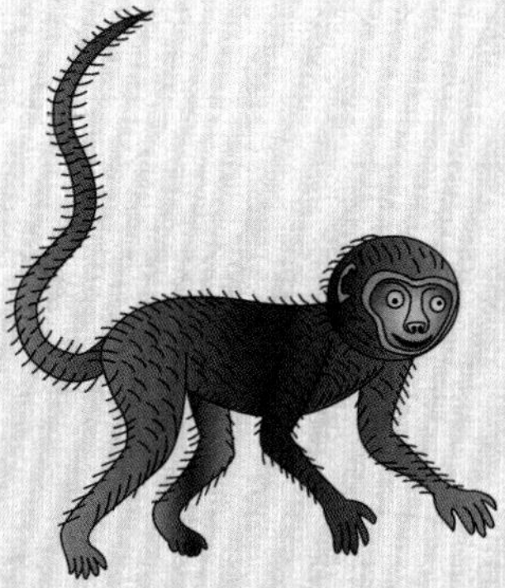

宗彝（蜼）

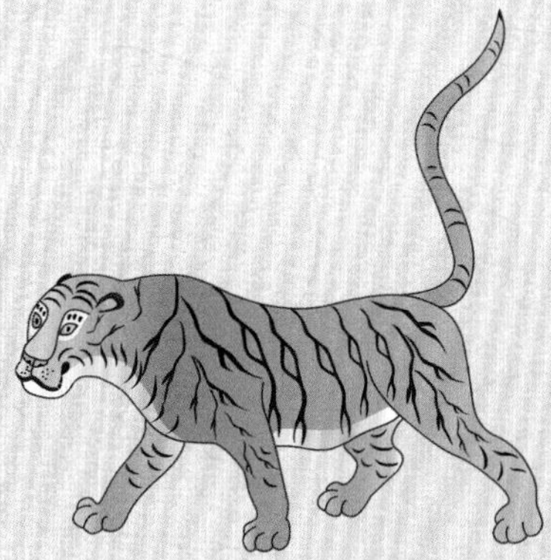

宗彝（虎）

粉米

藻

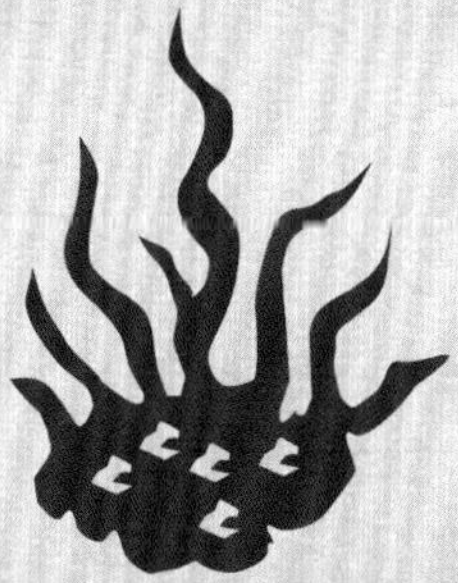

火

黻

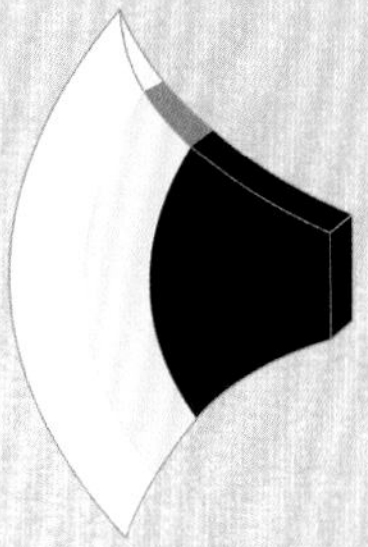

黼

蔽膝

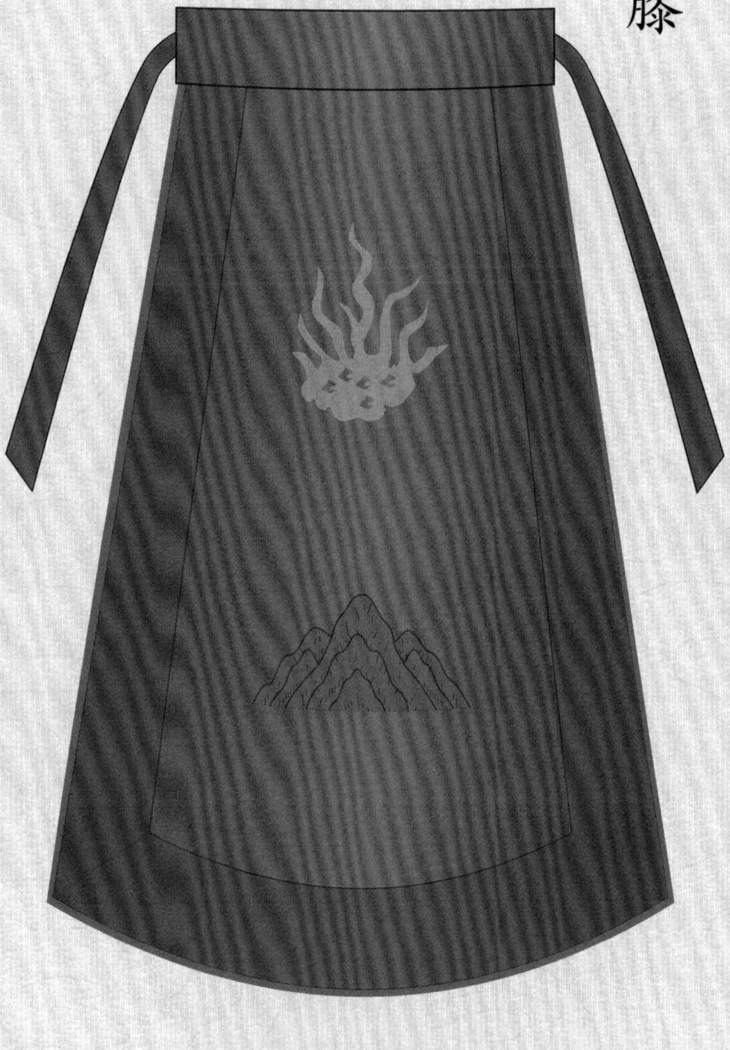

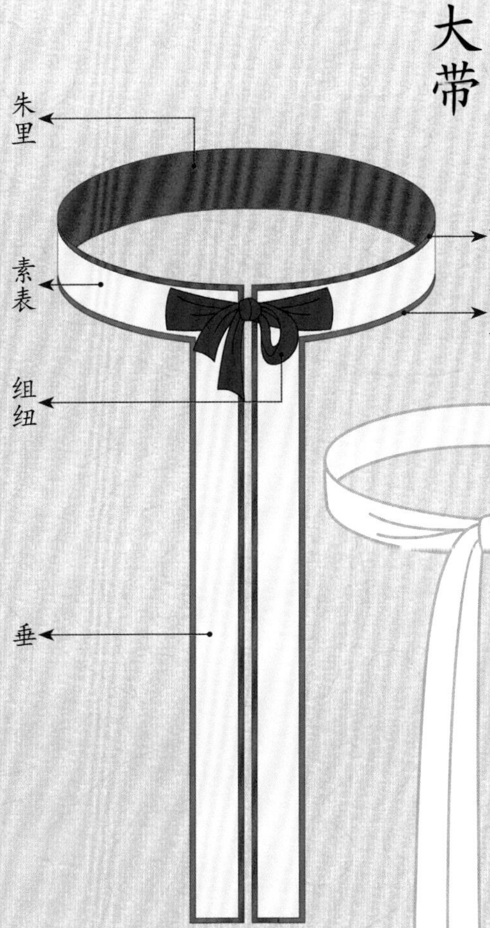
大带
朱里
上朱
素表
下绿
组纽
垂

假带

常服带

蹀躞带

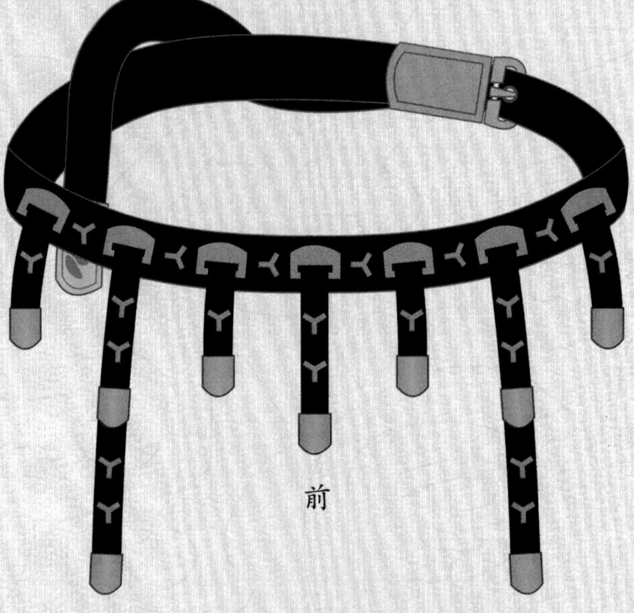

钩鞢带

带钩

笏

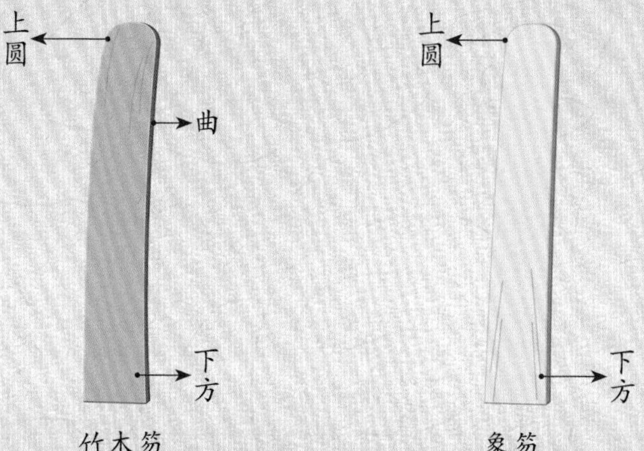

竹木笏　　象笏

瑜玉佩

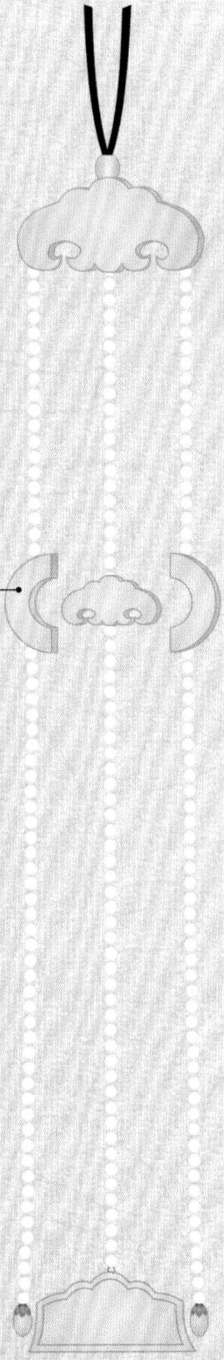

水苍玉佩

金饰剑

鹿卢玉具剑

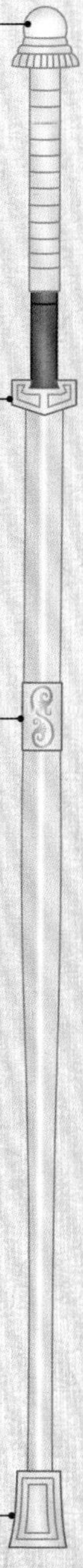

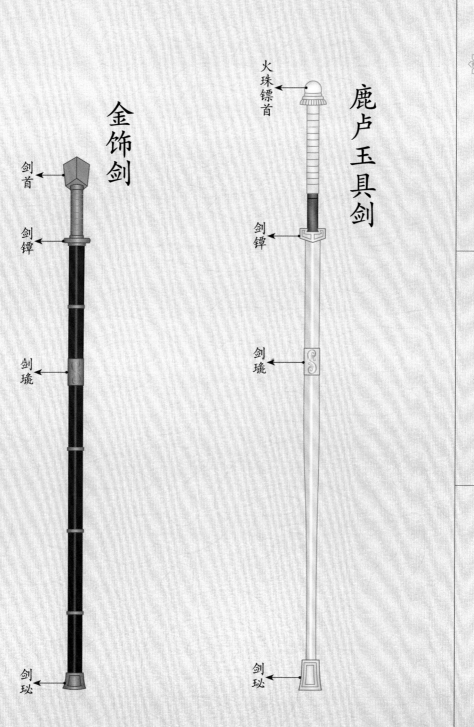

绶

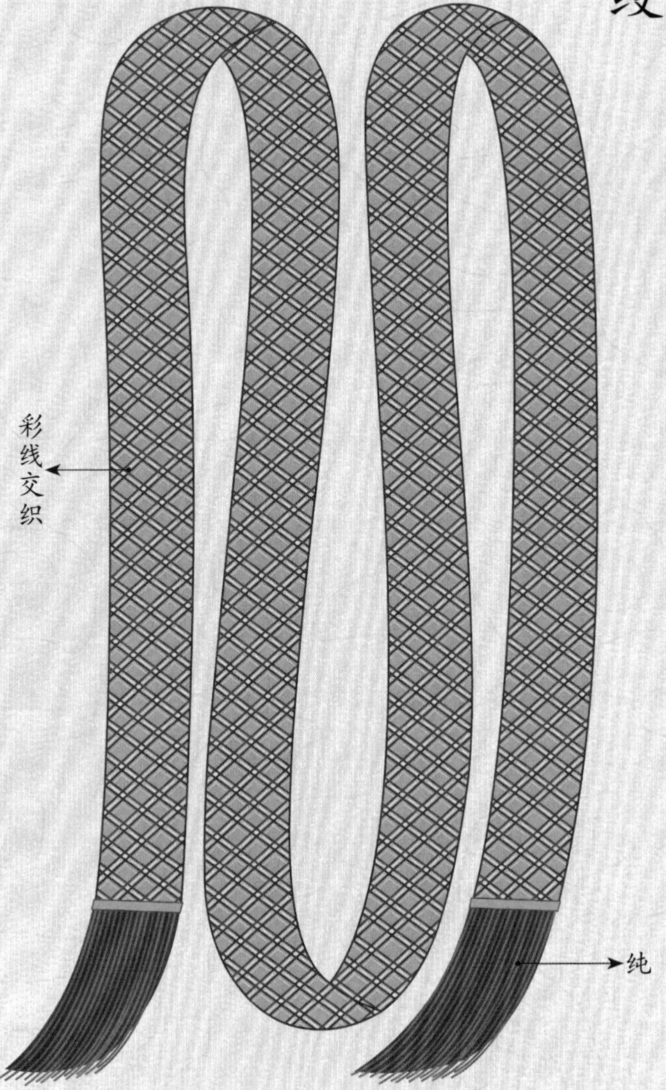

算袋

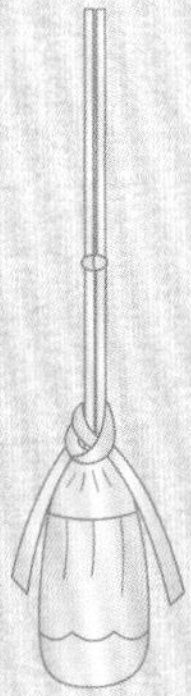

手巾

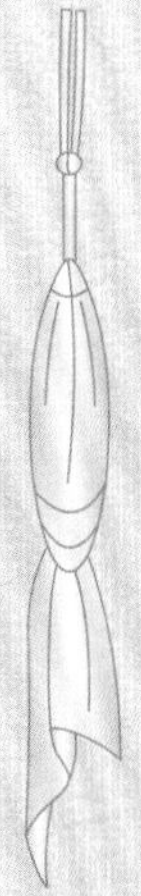

帔帛

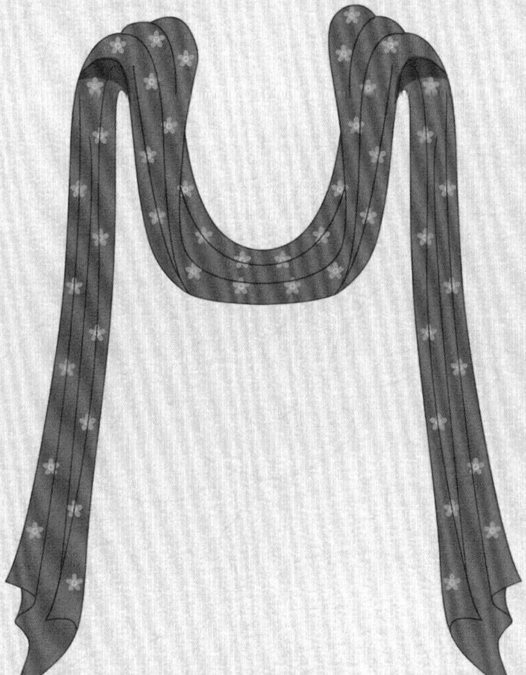

舄

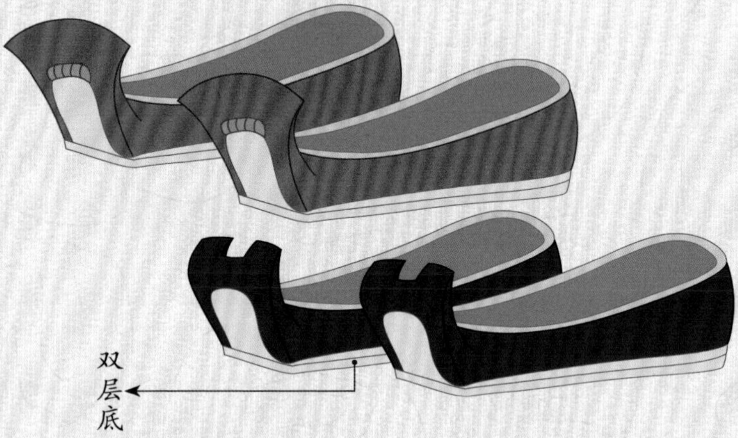

履

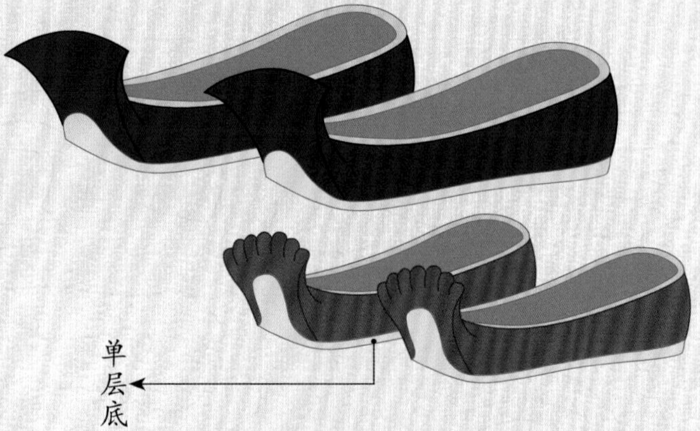

爵弁

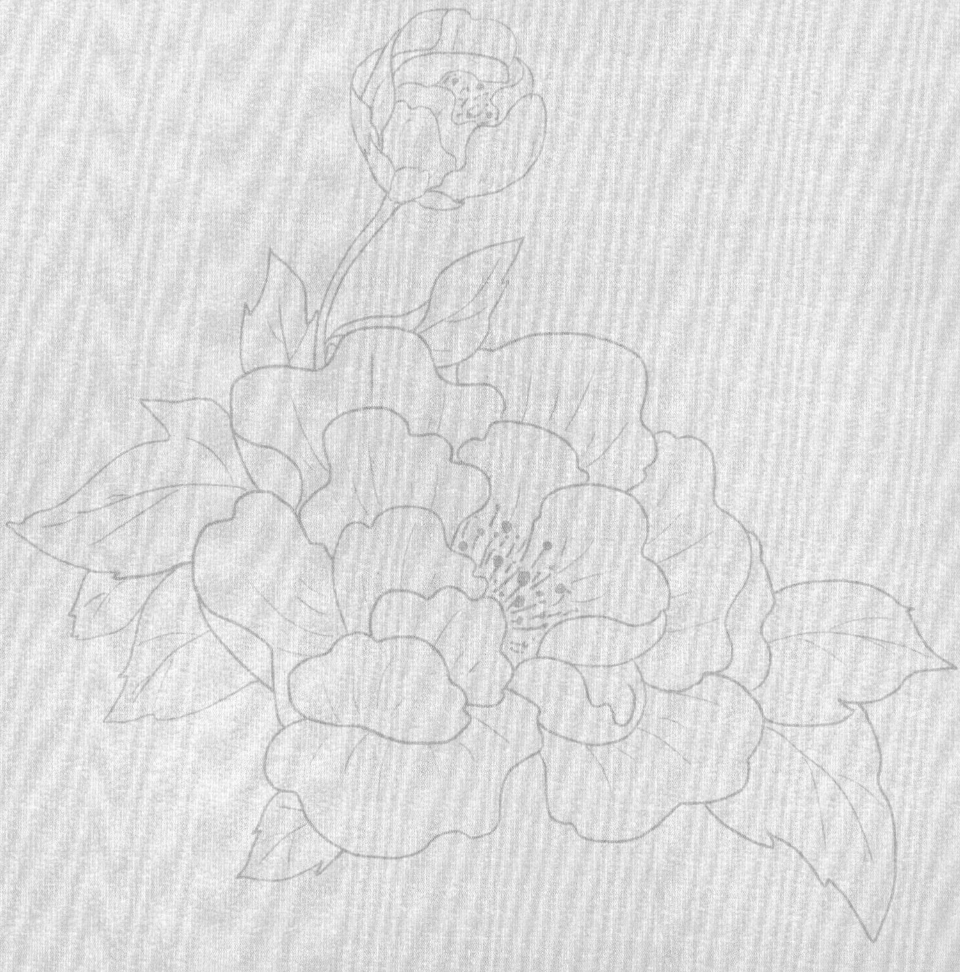

二　冠服解说

大裘冕

其制，无冕旒，玄表纁里，玉簪导，组缨，色如绶。黑羔皮为裘，无章纹，玄领，白纱中单，皂领，朱裳，蔽膝随裳色。革带玉钩觼，大带素表朱里，鹿卢玉具剑，火珠镖首，白玉佩，玄组绶，朱袜，赤舄。祀天神地祇则服之。

大裘冕，主要的特征是无旒[①]、无章纹（主要指日、月、山、龙等）。唐代只在前期使用过，到了开元十一年（723），唐玄宗觉得大裘过于朴素，且只能冬天穿，所以废除不用，之后只在制度层面上保留其制。

其冕板前低后高，表为玄色[②]，里为纁色[③]。缨[④]有六色，即玄、黄、赤、白、缥[⑤]、绿。裘用黑羔皮制成，裳为朱色。蔽膝上窄下宽，颜色与裳相同。革带为钩觼带，是钩式的，不是卡扣形的，《新唐书·车服志》提到革带是用白色皮革制成的。大带外白里朱，下垂部分置于蔽膝里侧。剑为鹿卢玉具剑，剑首为火珠形。绶[⑥]的底边为玄色，主体部分用彩线交织而成，彩线的颜色与缨相同。

大裘冕，作为冕服之首，主要用于祭祀天地。

注：①〔旒〕冕前后垂的珠串。

②〔玄色〕赤黑色，黑中带红。

③〔纁色〕红中带黄。

④〔缨〕系于颔下的带子，用于固定帽子。

⑤〔缥〕浅青带白。

⑥〔绶〕彩带，礼服中的佩饰。

大裘冕 图解

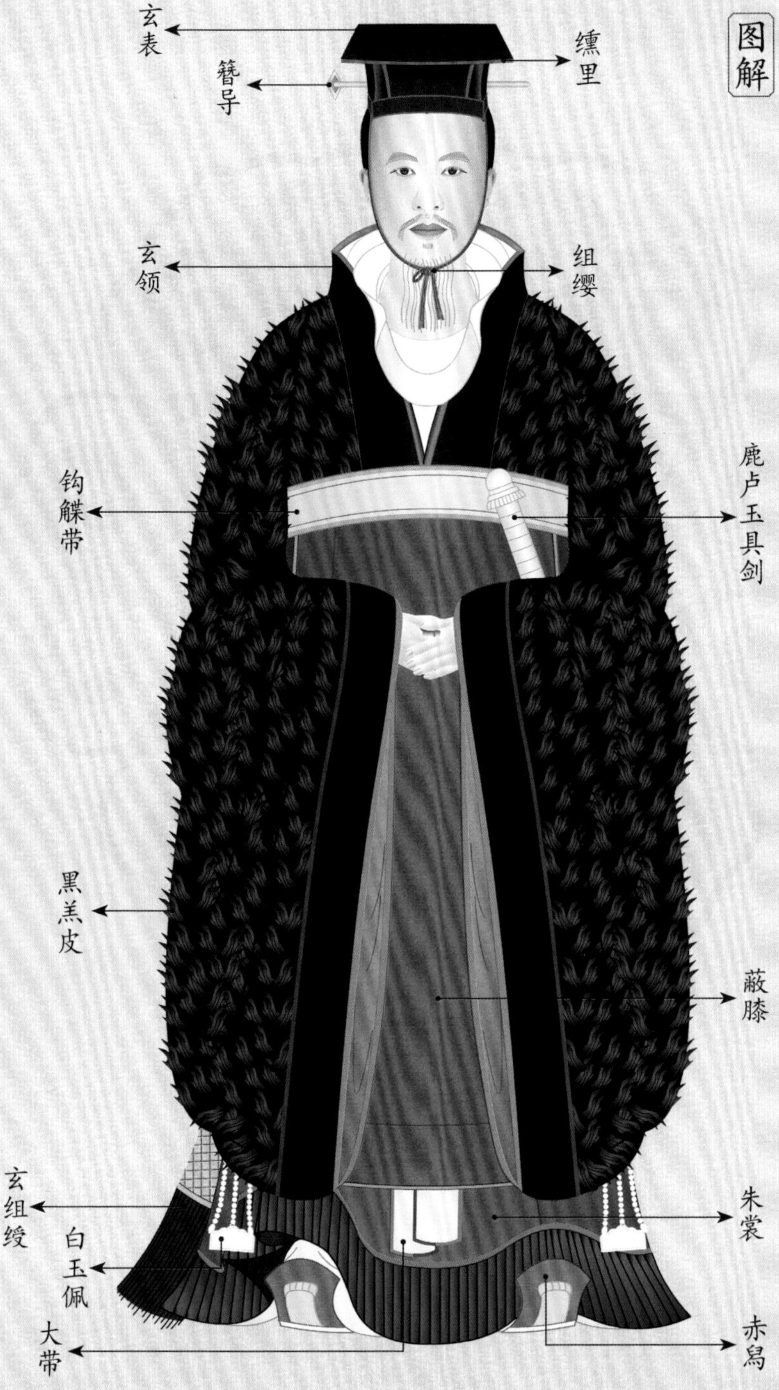
玄表
缥里
簪导
玄领
组缨
钩艓带
鹿卢玉具剑
黑羔皮
蔽膝
玄组绶
朱裳
白玉佩
大带
赤舄

衮冕

其制，前后垂白珠十二旒，黈纩充耳，玉簪导，组缨，色如绶。玄衣纁裳，十二章，衣画裳绣，八章在衣，四章在裳，蔽膝绣龙、山、火三章，白纱中单。革带玉钩鰈，大带素表朱里，鹿卢玉具剑，火珠镖首，白玉佩，玄组绶，朱袜，舄加金饰。重大典礼所服。

天子的衮冕，有垂珠十二旒，衣服上有十二章，以应天数。

上衣为玄色，画日、月、星辰、山、龙、华虫①、火、宗彝②八章，衣领与袖边织升龙，这里的升龙是一种特殊的龙纹，此类图纹在汉代文物中较常见。裳为纁色，绣藻、粉米③、黼④、黻⑤四章，分布的位置基本与蔽膝及绶重合。蔽膝为朱色，与裳色不同（蔽膝的颜色通常与裳色相同），绣龙、山、火三章。革带为钩鰈带，带钩为玉质。大带、剑、佩、绶与大裘冕相同，舄⑥上加金饰。

衮冕主要用于登基、纳后、祭祖、遣上将、出征凯旋等重大典礼。开元十一年（723），唐玄宗废除大裘冕，改用衮冕祭祀天地。

注：①［华虫］一种华丽的雉鸡。

②［宗彝］包含虎、蜼两种动物，蜼是长尾猿。

③［粉米］白米。

④［黼］斧状花纹，斧头半黑半白或半青半白，唐代一般没有斧柄。

⑤［黻］一种花纹，似两个弓字相背，其色不定，唐代有深蓝、暗红，也有青黑相间。

⑥［舄］有两层底的鞋子，多用于礼服。

衮冕图解

通天冠绛纱袍

其制，加金博山，附蝉十二，黑介帻，发缨翠緌，犀祥玉簪导。绛纱袍，白纱中单，朱领，方心曲领，绛纱蔽膝。革带玉钩䚢，白假带，鹿卢玉具剑，火珠镖首，白玉佩，玄组绶，白袜，黑舄。诸祭还及冬至受朝、元会、冬会服之。

通天冠，前方有梁，顶上有珠。簪导①用玉，只是玉的质地看上去像犀角一样，若天子未成年，则用双玉导。冠的前方加金博山②，博山上附蝉③。

袍用绛④纱，中单⑤用白纱，领边为朱色，内加曲领，《隋书·礼仪志七》解释曲领为“在单衣内襟领上，横以雍颈”⑥。白假带的形制与大带相似，置于蔽膝里侧。蔽膝用绛纱。革带、剑、佩、绶与衮冕相同。

通天冠绛纱袍主要用于大朝会、祭还⑦。祭祀当天属重要日子，祭礼过程中用冕服，而后换通天冠绛纱袍。

注：①［簪导］一种簪子，把冠固定在发髻上。

②［博山］据说是表现仙山，其形状可参考汉代文物博山炉，本书只是简易的山形。

③［附蝉］加蝉形的装饰品。

④［绛］暗红色。

⑤［中单］外衣与内衣之间的单衣。

⑥［在单衣内襟领上，横以雍颈］置于领内侧，用来撑领。

⑦［祭还］祭祀结束后还朝，祭祀大多在郊外进行。

图解 通天冠绛纱袍

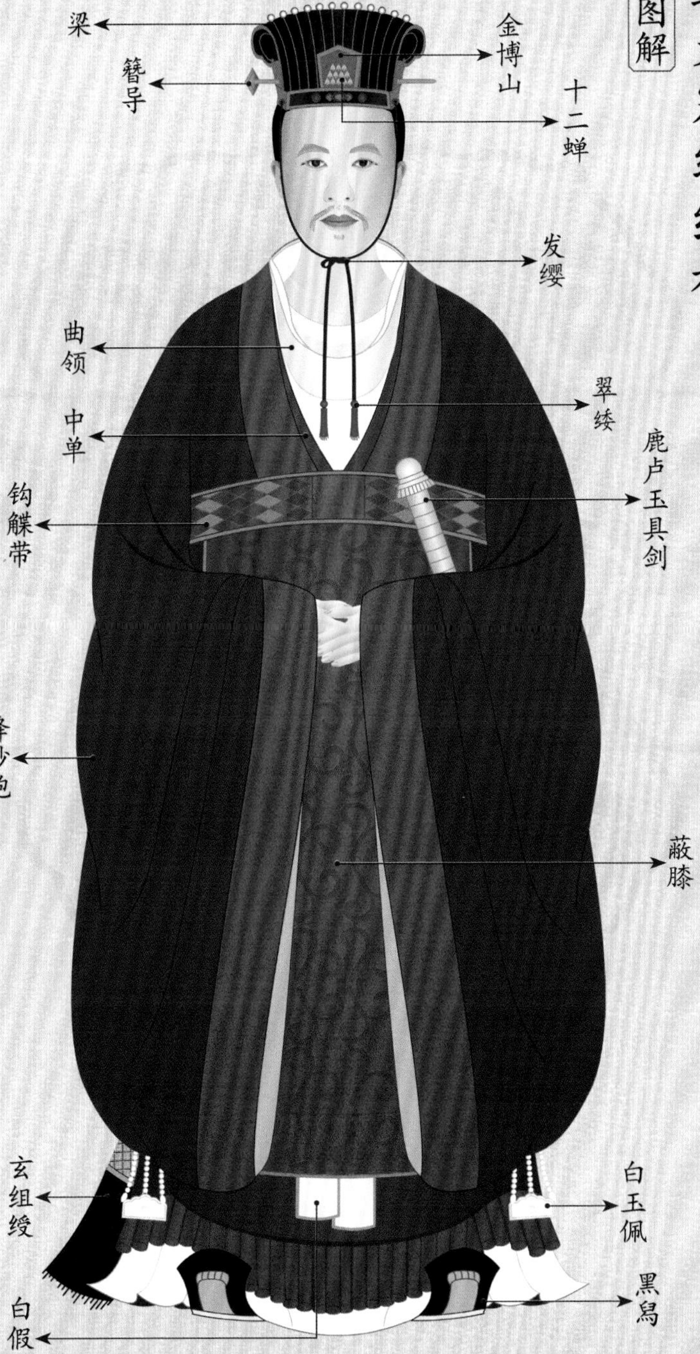
梁
金博山
簪导
十二蝉
发缨
曲领
翠緌
中单
鹿卢玉具剑
钩䚢带
绛纱袍
蔽膝
玄组绶
白玉佩
黑舄
白假带

常服

其制，赤黄袍，幞头，乌皮六合靴。武德初，因隋旧制，天子宴服，亦名常服，唯以黄袍及衫，后渐用赤黄。自贞观之后，非大祭祀、大朝会，皆用常服。太宗制翼善冠，朔望视朝通著之，开元之后，废而不用。

唐初，天子常服基本沿用隋制，穿黄袍及衫[1]，后渐用赤黄色，以符土德（唐代五行属土），同时禁止臣民以赤黄为衣服杂饰。

常服也称宴服，其领为圆领，袖为窄袖。在膝盖附近加一条横线，称为横襕，算是象征了“上衣下裳”，其实也是贵族与百姓的一种差别，普通百姓穿的袍衫是不加横襕的。

自贞观元年（627）起，除了大朝会及大祭祀，都穿常服。贞观八年（634），唐太宗制翼善冠[2]，初一及十五常朝，不论穿常服还是白练裙襦[3]都戴翼善冠。开元十七年（729）之后，翼善冠不再使用。

注：①［衫］一般为单层，没有里子，贵族阶层多用作内衣。

②［翼善冠］其制不详，据古画推测，冠后两角朝上且交叉，大体形制可参考明代文物翼善冠。

③［白练裙襦］白裙短衣。

常服 图解

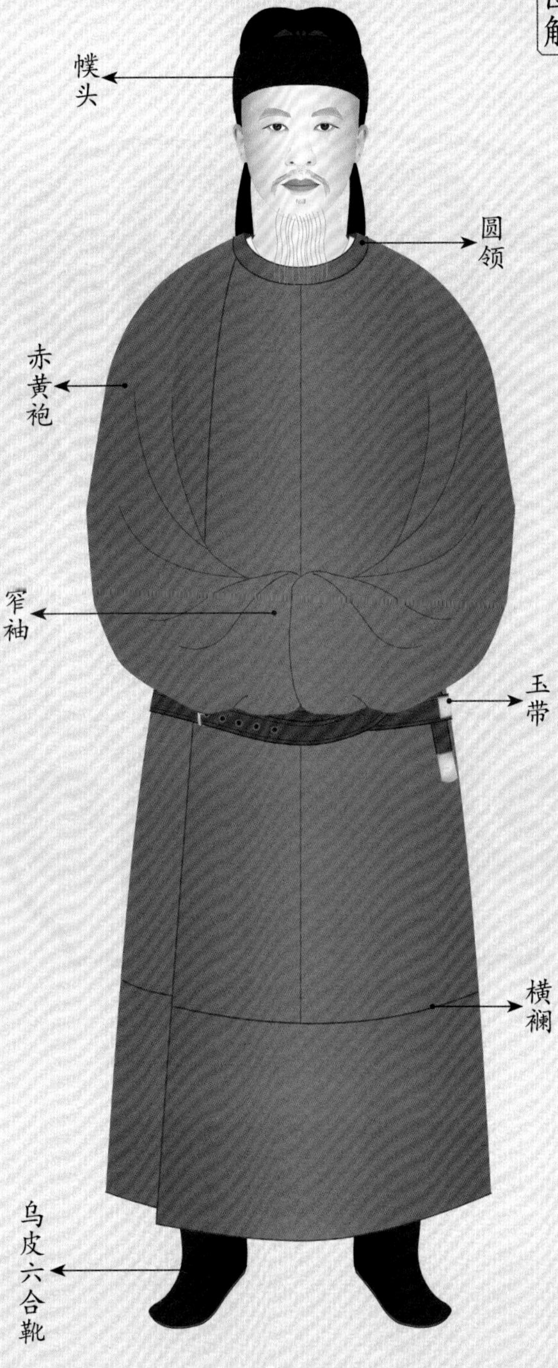

袆衣

其制，首饰花十二树，小花如大花之数，并两博鬓。其衣深青织成，翟素质五色，十二等。素纱中单，朱缘。蔽膝随衣色，翟三等。白玉双佩，玄组绶。大带随衣色，朱里。青革带，青袜，青舄加金饰。受册、助祭、朝会等大事所服。

冠上有花树[①]十二株，每株有小花十二朵，均用弹簧式的金丝支起。冠的前方有钿，共十二枚，分三行排列，从上到下分别为三枚、四枚、五枚。冠的两侧是博鬓，博鬓的边缘是小珠，中间是杂宝，唐代的博鬓垂在头部的侧前方，不在后方。

衣为深青色，有翟纹[②]，翟纹有五色，以白色为主。蔽膝为深青色，也有翟纹。大带表为深青色，里为朱色。佩用白玉，绶的形制与天子相同。革带、袜、舄均为青色。

袆衣是皇后最高级别的礼衣，主要用于大典礼、大朝会。

注：①〔花树〕主要由束管、弹丝、小花组成，小花的数量与身份有关。

②〔翟纹〕雉纹，其原型是古代的一种鹞，生活在江淮以南地区，身具五色。

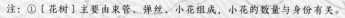

图解 袆衣

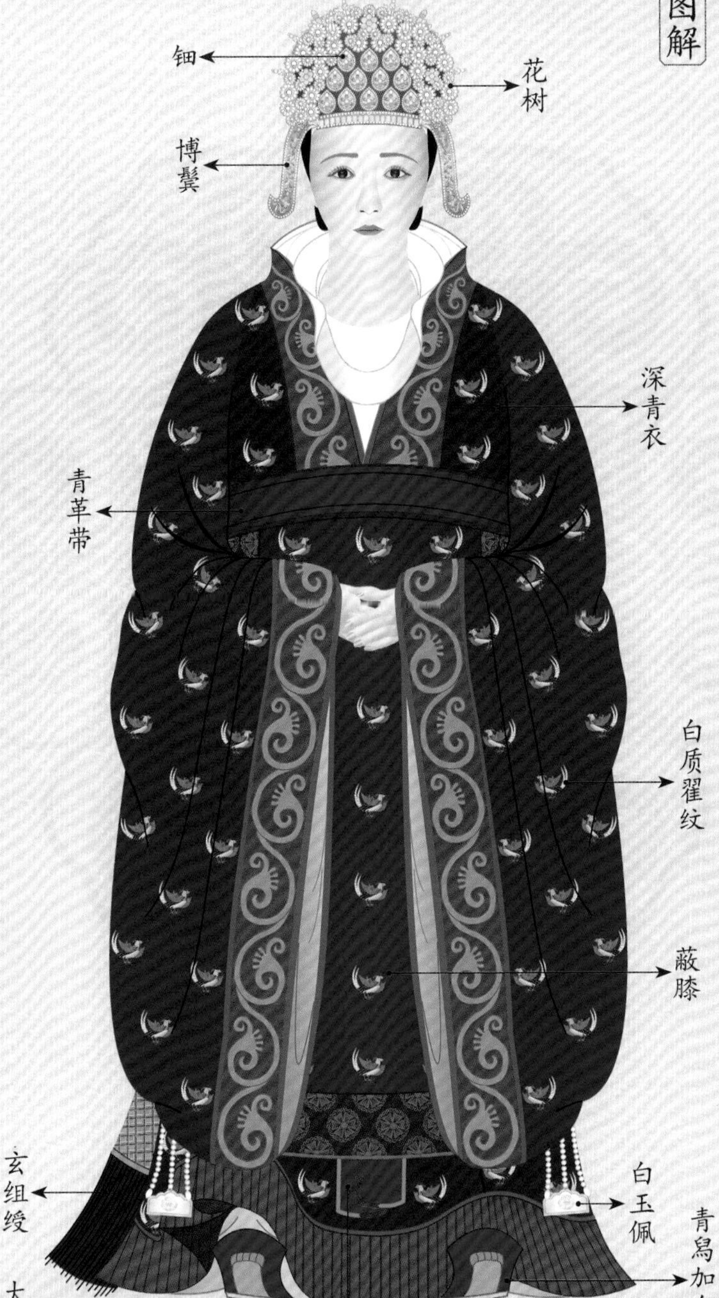
钿
花树
博鬓
深青衣
青革带
白质翟纹
蔽膝
玄组绶
白玉佩
青舄加金饰
大带

鞠衣

其制，黄罗为衣，蔽膝、大带、革带、舄均随衣色，余同袆衣，唯无翟。亲蚕则服之。

钿钗礼衣

其制，十二钿，服通用杂色，制如鞠衣，去舄加履。宴见宾客则服之。

鞠衣是皇后亲蚕[1]时穿的礼衣，衣为黄色，没有翟纹。蔽膝、大带、革带、舄的颜色均与衣色相同。佩、绶与袆衣相同。

钿钗礼衣，其衣色不定，主要有青色、绯色[2]，见皇帝时多穿青色衣，宴见普通宾客时穿绯色衣。蔽膝、革带、履[3]的颜色也不固定，通常与衣色相同。至于是否用佩、绶，史书说法不一，《通典·礼六十八》记载为“加双佩、小绶”，而《旧唐书·舆服志》则为“无雉及佩、绶”。其服制形象，可以参考唐及五代时期的命妇供养人像。

注：①［亲蚕］亲自参与蚕事的一种典礼。

②［绯色］红色。

③［履］一种鞋子，单层底，形制与舄相似。

图解 鞠衣

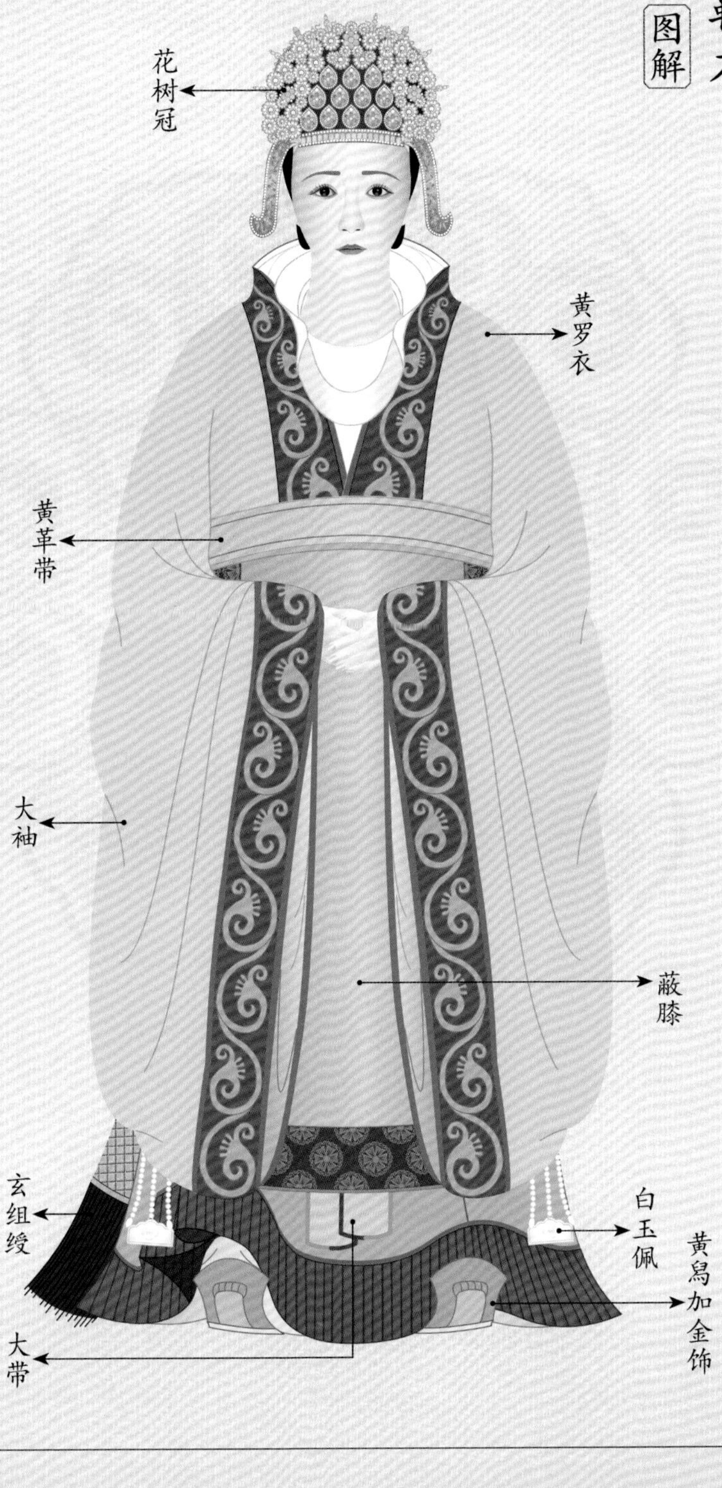
花树冠
黄罗衣
黄革带
大袖
蔽膝
玄组绶
白玉佩
黄舄加金饰
大带

图解 钿钗礼衣

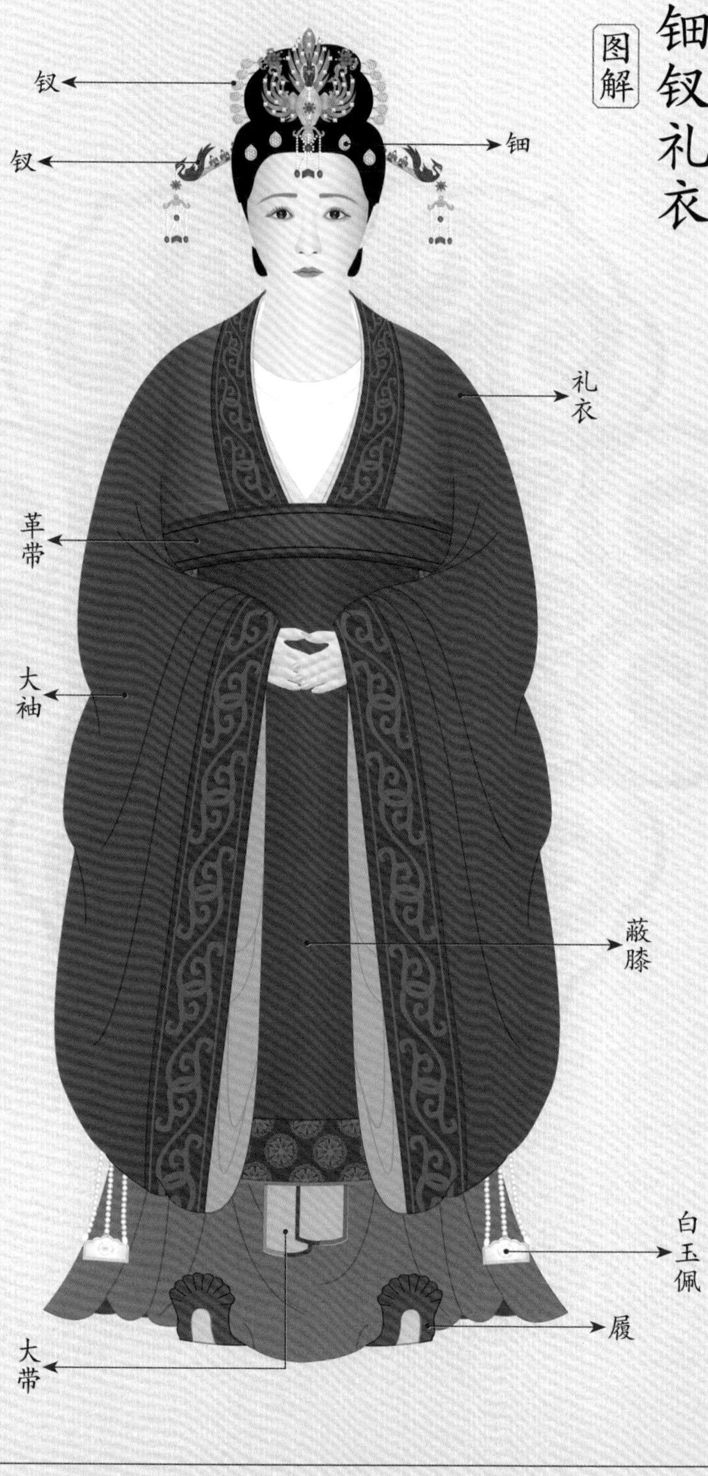

皇太子衮冕

其制，前后垂白珠九旒，青纩充耳，犀簪导，组缨，色如绶。玄衣纁裳，九章，五章在衣，四章在裳，蔽膝随裳色，绣火、山二章，白纱中单。革带金钩䚢，大带为素带。玉具剑，金宝饰，玉镖首。瑜玉佩，朱组绶，朱袜，赤舄加金饰。重大典礼所服。

皇太子冠服，唐初设有五等：衮冕、具服远游冠、公服远游冠、乌纱帽、平巾帻[1]，之后增加了弁服[2]、进德冠。永徽（650—655）之后，仅存衮冕、具服远游冠、公服远游冠、进德冠。

皇太子的衮冕，垂珠九旒，衣服上有九章，较天子少了日、月、星辰三章。

上衣为玄色，画山、龙、华虫、火、宗彝五章。裳为纁色，绣藻、粉米、黼、黻四章。蔽膝为纁色，绣火、山二章。

革带为钩䚢带，带钩为金质。绶的底边为朱色，主体部分用彩线交织而成，彩线有赤、白、缥、绀[3]四色。佩用瑜玉，其特点是无杂纹、颜色不定，唐《礼记正义·玉藻第十三》记载：“世子及士唯论玉质，不明玉色，则玉色不定也，瑜是玉之美者，故世子佩之。”

皇太子的衮冕主要用于纳妃、从祭、加元服[4]等重大典礼。

注：①〔平巾帻〕见本书军卫冠服之平巾帻袴褶内容。

②〔弁服〕见本书群臣冠服之弁服内容。

③〔绀〕黑带红。

④〔加元服〕形式与冠礼相似。

图解 皇太子衮冕

具服远游冠

其制，加金附蝉九，发缨翠緌，犀簪导。绛纱袍，白纱中单，皂缘，白裙襦。白假带，方心曲领，绛纱蔽膝。其革带、剑、佩、绶与衮冕同，白袜黑舄。谒庙还宫、大朝会服之。

进德冠

其制，九琪，琪以玉珠为之，附山云，加金饰，常服及白练裙襦通著之。

远游冠的形制与通天冠相似，有展筒[1]、梁、蝉，冠上有三梁，前方附九蝉。

具服主要在元日[2]、冬至入朝时穿。袍用绛纱，中单用白纱，领边为皂色[3]，内加曲领。蔽膝用绛纱，革带、剑、佩、绶与衮冕相同。

公服主要在接受群臣朝拜时穿。衣为绛纱单衣[4]，无中单、蔽膝、剑、绶，穿履，形制与群臣公服[5]基本相同。

进德冠主要用于骑马，与常服或白练裙襦搭配，常服用紫袍，形制与群臣常服[6]中的一等常服基本相同。

注：①［展筒］位于冠顶，呈卷筒状。

②［元日］正月初一。

③［皂色］黑色。

④［单衣］单层衣，没有里子。

⑤［群臣公服］见本书群臣冠服公服内容。

⑥［群臣常服］见本书群臣冠服常服内容。

图解 具服远游冠

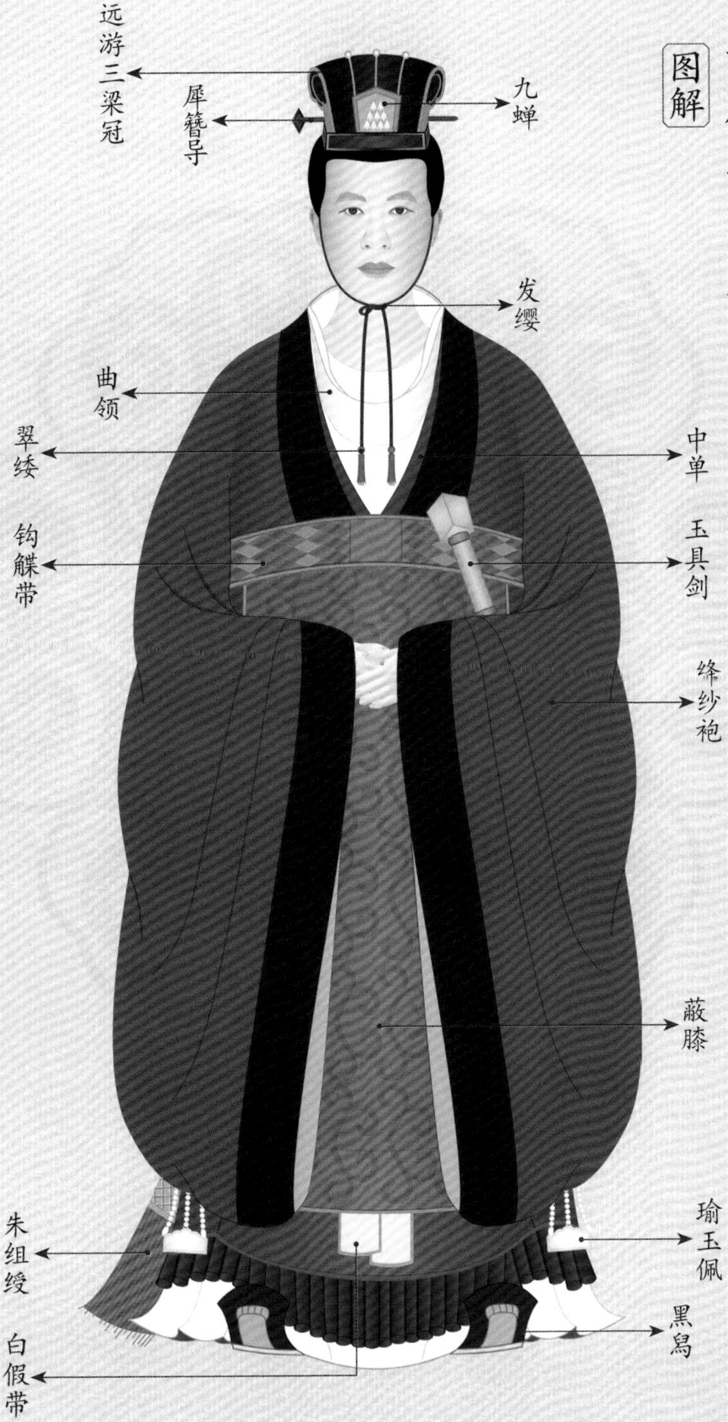
远游三梁冠
犀簪导
九蝉
发缨
曲领
翠緌
中单
钩鲽带
玉具剑
绛纱袍
蔽膝
朱组绶
瑜玉佩
黑舄
白假带

图解 公服远游冠

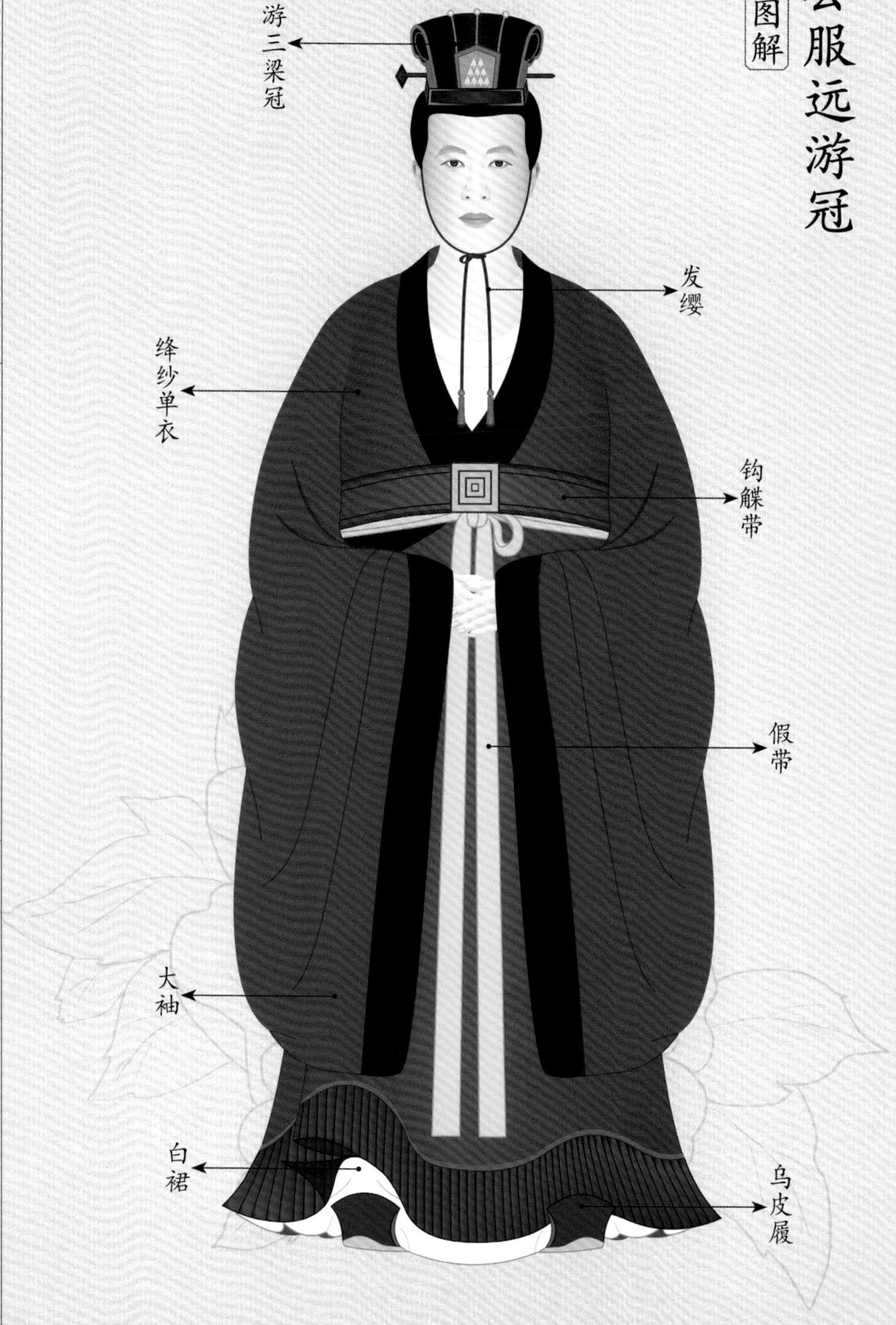
远游三梁冠
发缨
绛纱单衣
钩觻带
假带
大袖
白裙
乌皮履

常服进德冠

图解

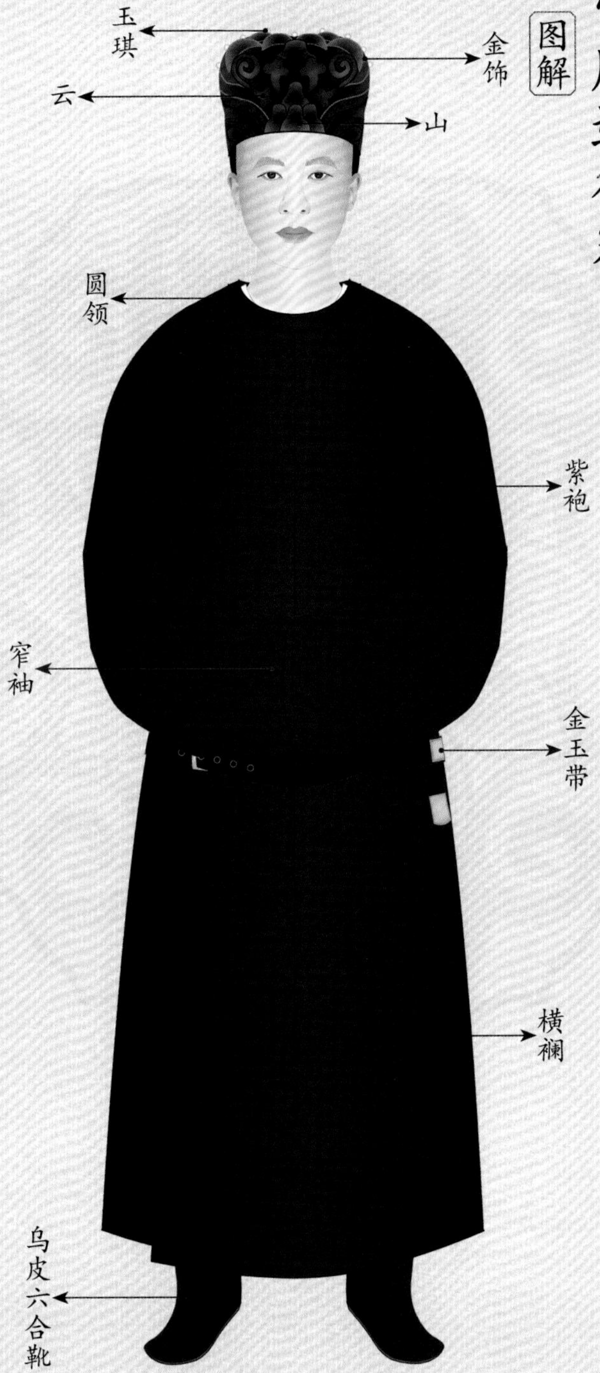

朝服

其制，绛纱单衣，白纱中单，曲领方心，皂缘，白裙襦，绛纱蔽膝。钩觻带，假带，白袜，乌皮舄，双佩，双绶，衣服尽同，而绶依其品。六品以下，去剑、佩、绶。文官七品以上簪白笔，武官及爵不簪。朝会、陪祭、拜表大事则服之。

朝服主要用于大朝会及一些重要场合。衣用绛纱，中单用白纱，领边为皂色，内加曲领，蔽膝用绛纱。舄用黑皮，革带为钩觻带，剑、佩、绶与官员的品级有关（详见本书《官员佩饰分类表》《官员绶制分类表》）。

穿朝服时，文官主要戴进贤冠，武官主要戴武弁，侍中[①]、中书令戴貂蝉武弁，七品以上文官在冠上加白笔[②]。

进贤冠，三品以上官员为三梁，四品、五品官员为二梁，六品以下官员为一梁。

武弁，里为平巾帻，外加笼冠[③]。

貂蝉武弁，在武弁上加蝉与貂尾，蝉加在前方，貂尾加在左侧或右侧，加在左侧称左珥，加在右侧称右珥，左或右要视官员的职位而定。

注：①〔侍中〕与中书令均为朝廷要职。

②〔白笔〕像毛笔一样的装饰品，在冠上加白笔是沿用古制。

③〔笼冠〕用细丝编织而成，形状像笼子。

朝服 图解

貂蝉武弁 右珥

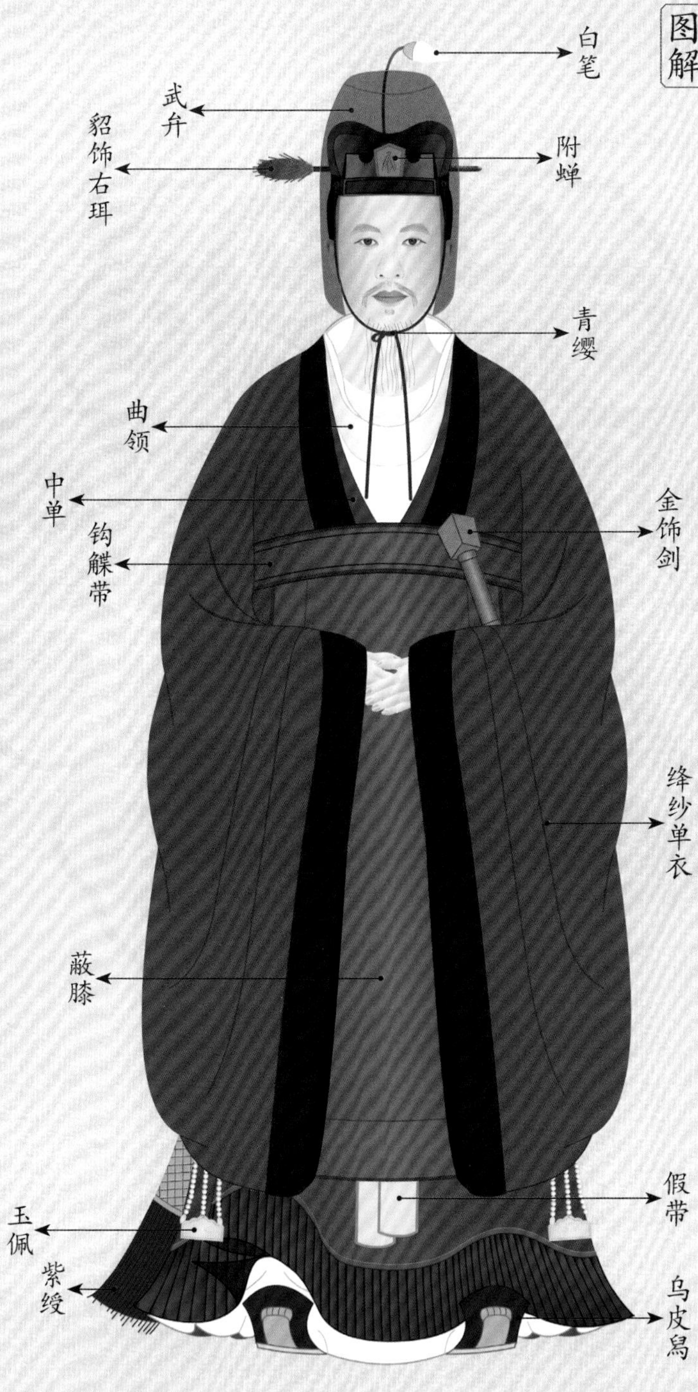

公服

公服，亦名从省服。其制，绛纱单衣，白裙襦，钩䚢带，假带，白袜，乌皮履。去曲领、中单、蔽膝、白笔。公事及谒见东宫则服之，若致仕官以理去官，被召谒见，皆服前官从省服。

公服也称从省服，形制与朝服大体相似，只是佩饰相对少一些，没有曲领、中单、蔽膝、剑等，文官的冠上不加白笔。至于是否有玉佩，史书说法不一，观唐代壁画，应该没有玉佩。

穿公服时，穿履不穿舄。舄与履的区别主要看底，《旧唐书·舆服志》解释为“舄重皮底，履单皮底”，《隋书·礼仪志七》引用古志：“复下曰舄，单下曰履。”也就是说舄为双层底，履为单层底。

公服主要用于公事及谒见太子。致仕官[①]如果被召见，也穿公服。

注：①〔致仕官〕因年老或其他正当理由辞去职务的官员。

公服

图解

进贤冠　二梁

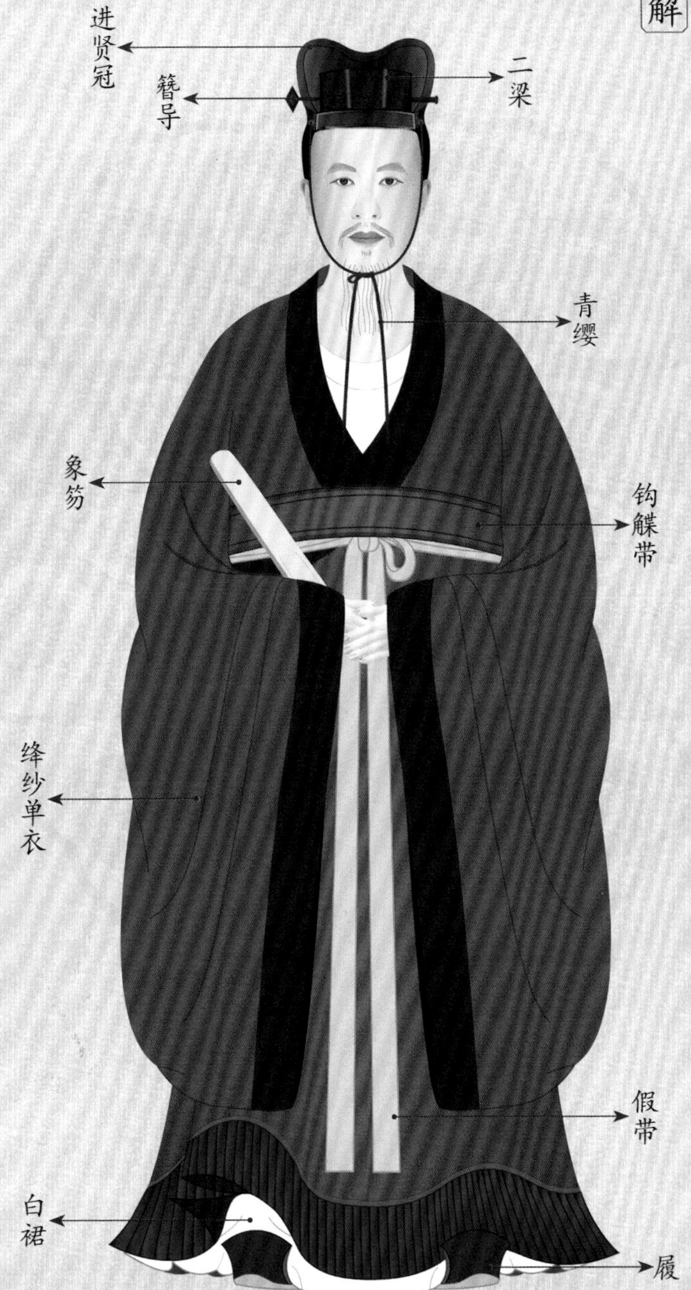
进贤冠
簪导
二梁
青缨
象笏
钩䚢带
绛纱单衣
假带
白裙
履

常服

其制，幞头，圆领袍，下加横襕，乌皮六合靴。三品以上服紫，束金玉带，佩金鱼袋。四品、五品服绯，束金带，佩银鱼袋。六品、七品服绿，束银带。八品、九品服青，束鍮石带，后疑深青乱紫，遂改青为碧。五品以上执象笏，六品以下执竹木笏。

官员的常服，根据袍色，分为四等：一等紫色，为三品以上官员所穿；二等绯色，为四品、五品官员所穿；三等绿色，为六品、七品官员所穿；四等青色（后改为碧色），为八品、九品官员所穿。袍子的面料，五品以上官员用绫罗①，六品以下官员用丝布②、小花绫③。

腰带用金、银、鍮石④等装饰，佩饰有鱼袋、手巾、算袋等。鱼袋是用来核实身份的，三品以上官员佩金鱼袋，四品、五品官员佩银鱼袋。算袋的颜色与袍色一致，自开元二年（714）起，官员只在特定的时日佩算袋。

常服主要用于日常公务。

注：①［绫罗］丝绸织物。

②［丝布］丝与麻、棉等的混纺织物。

③［小花绫］有小花纹的丝织物，其花纹多为斜纹。

④［鍮石］黄铜，像金。

图解 常服 一等 紫

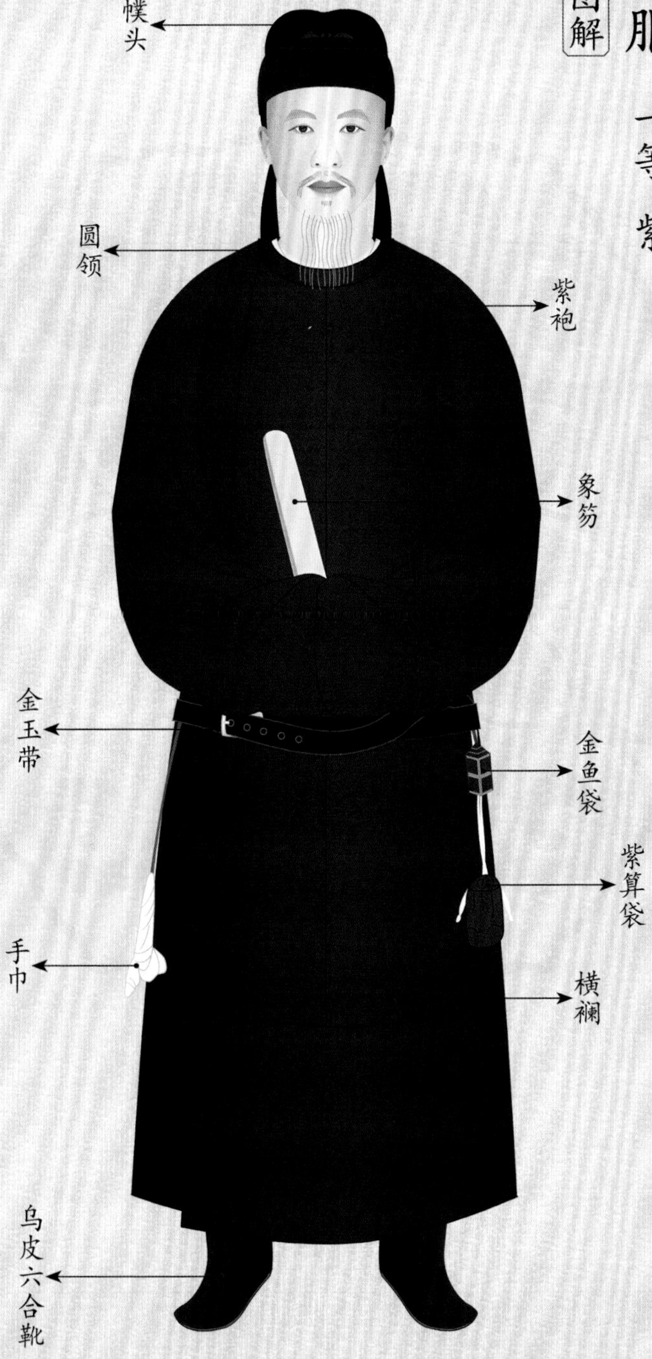

常服

幞头

其制，左右各三褶，象三才，重系前脚，象二仪。武德以来，上平头小样。则天朝，贵臣内赐高头巾子，呼为武家诸王样。至中宗，赐百官英王踣样巾，其制高而踣。玄宗开元间，赐供奉官及诸司长官罗头巾及官样巾子。

唐代幞头，也称巾子，有四个脚，两脚在前方打结，两脚后垂。唐代前期垂的是软脚，后期出现硬脚，并向两侧舒展。

幞头的形制，唐初为平头小样；到了武周时期（690—704），出现了高头巾子，称为“武家诸王样”；到了唐中宗景龙年间（707—710），巾子向前倾，称为“英王踣样巾”；到了唐代后期，贵族阶层用的幞头，本质上已经不是头巾，而是直接可以戴的帽子，只是在外形上仍保留其制。

唐代幞头对后面几个朝代的巾帽形制有重要影响。

前期

中期

后期

赐服

则天朝始赐八字铭绣袍，袍以绯紫，字以金银，皆刺绣。则天延载元年，出绣袍以赐文武官三品以上，其袍文各有训诫。德宗尝赐节度使时服，以雕衔绶带，取其武毅以靖封。文宗禁奇纹异制袍袄。

赐服主要指八字铭绣袍，在袍上绣图案，绕着图案绣八个字的铭文。绣袍起初用来赐给新任地方官，延载元年（694）之后，用来赐给三品以上文武官。

绣袍上的图案，与官员的职位有关。《旧唐书·舆服志》记载：“左右监门卫将军等饰以对师子[①]，左右卫饰以麒麟，左右武威卫饰以对虎，左右豹韬卫饰以豹，左右鹰扬卫饰以鹰，左右玉钤卫饰以对鹘，左右金吾卫饰以对豸，诸王饰以盘龙及鹿，宰相饰以凤池，尚书饰以对雁。”

铭文起初为“德政惟明，职令思平”“清慎忠勤，荣进躬亲”。延载元年（694）之后，文官铭文为“忠贞正直，崇庆荣职”“文昌翊政，勋彰庆陟”，武官铭文为“懿冲顺彰，义忠慎光”“廉正躬奉，谦感忠勇”。

唐文宗时期（826—840），禁止使用奇纹异制袍。

注：①〔师子〕通“狮子”。

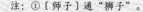

赐服 图解

尚书 对雁

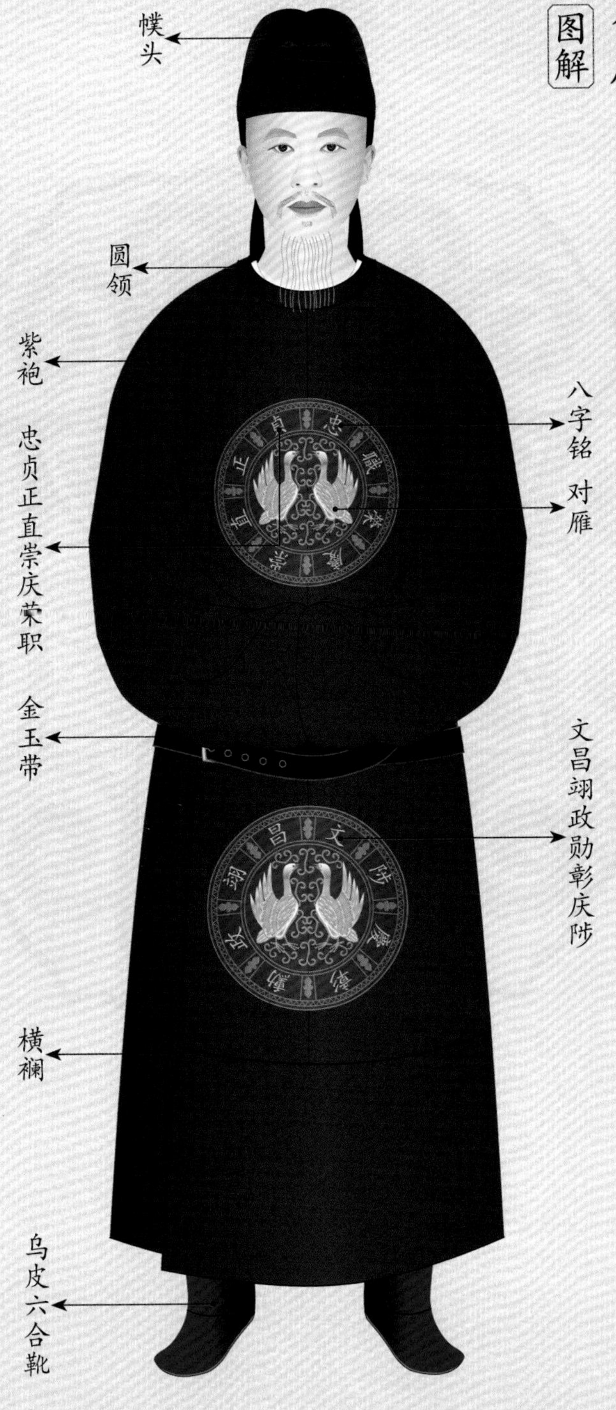
幞头
圆领
紫袍
忠贞正直崇庆荣职
金玉带
横襕
乌皮六合靴
八字铭
对雁
文昌翊政勋彰庆陟

弁服

其制，弁以鹿皮为之，牙簪导，玉琪。朱衣素裳，革带，双佩，白袜，乌皮履。六品以下去琪及佩，文官职事九品以上寻常公事服之。

冕服

其制，青珠为旒，青纩充耳，组缨，色如绶。青衣纁裳，白纱中单，蔽膝随裳色。剑、佩、绶，各依其品，钩觻带，大带素表，朱袜，赤舄。五品以上助祭及亲迎服之。

弁服主要为九品以上文官所穿，用于普通公事。弁用鹿皮制成，五品以上官员加玉琪[①]，五品五琪，四品六琪，三品七琪，二品八琪，一品九琪。衣为朱色，裳为白色，没有蔽膝，六品以下没有玉佩，穿乌皮履。

冕服为五品以上官员所穿，主要用于祭祀。冕旒用青珠，衣为青色，裳为纁色，舄为赤色。冕、章纹及剑、佩、绶均与官员的品级有关（详见本书《官员冕服分类表》《官员佩饰分类表》《官员绶制分类表》）。

注：①〔玉琪〕这里指弁上的玉珠串。

弁服

图解

文官寻常公事

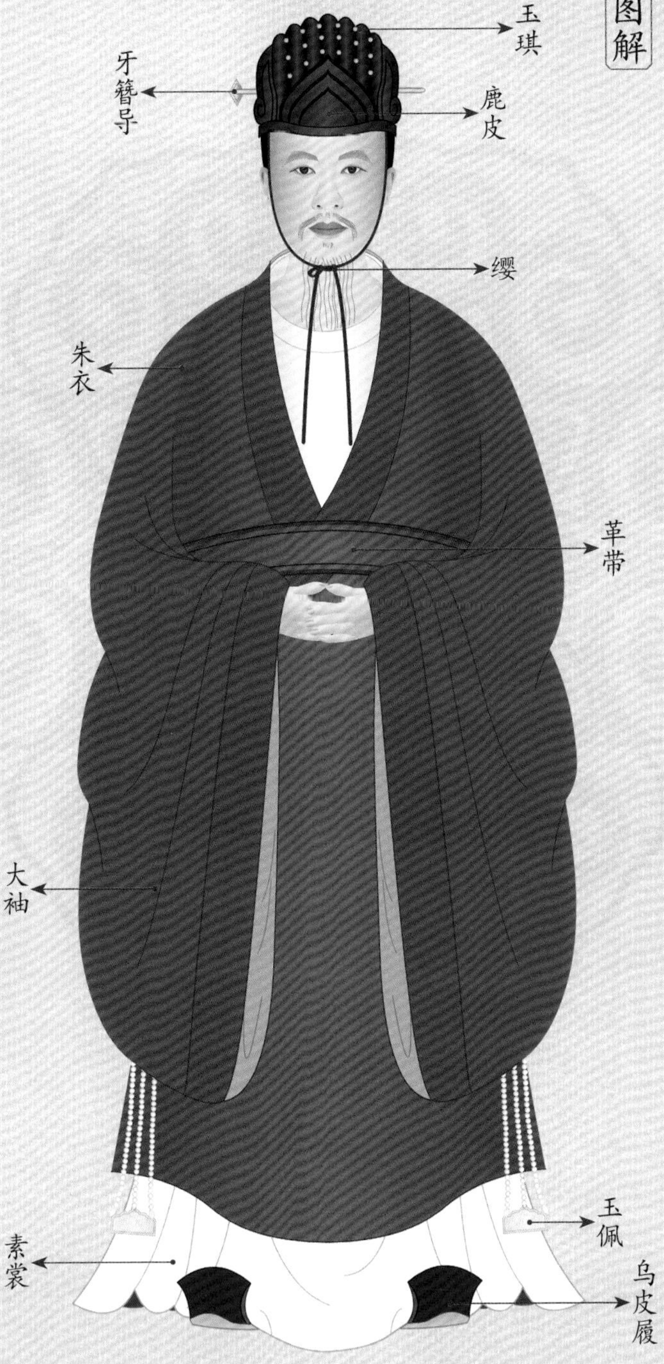

祭服 图解

绣冕

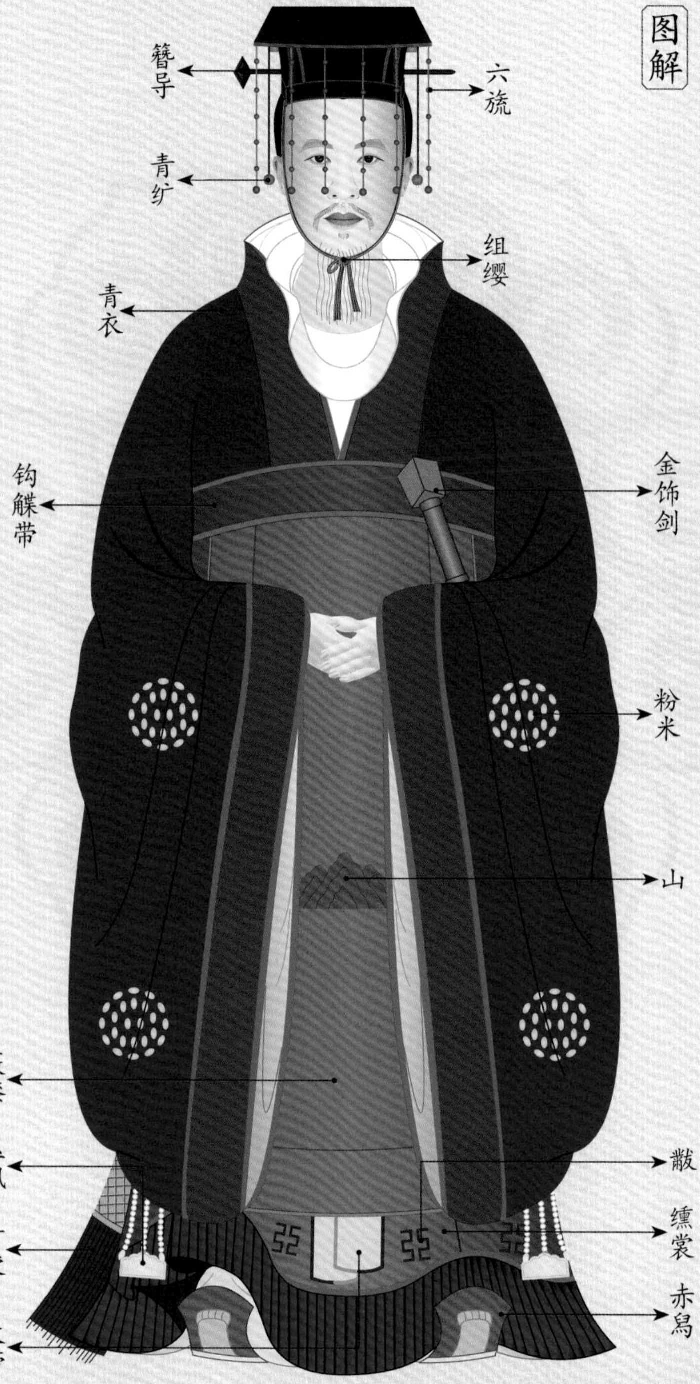
簪导
六旒
青纩
组缨
青衣
钩䚢带
金饰剑
粉米
山
蔽膝
玉佩
黻
纁裳
青绶
赤舄
大带

表 2-1 官员冕服分类表

品阶	冕服				
	冕	冕旒	章纹（上衣）	章纹（裳）	章纹（蔽膝）
一品	衮冕	九旒	龙、山、华虫、火、宗彝	藻、粉米、黼、黻	山、火
二品	鷩冕	八旒	华虫、火、宗彝	藻、粉米、黼、黻	山、火
三品	毳冕	七旒	宗彝、藻、粉米	黼、黻	山、火
四品	绣冕①	六旒	粉米	黼、黻	山
五品	玄冕	五旒		黻	

注：①〔绣冕〕《新唐书·车服志》称为𫄨冕，《旧唐书·舆服志》《通典·礼六十八》称绣冕。

表 2-2 官员佩饰分类表

品阶	佩饰		
	笏	剑	玉佩
一品	象笏	金玉饰剑	山玄玉佩
二品至五品	象笏	金饰剑	水苍玉佩
六品及以下	竹木笏	—	—

表 2-3 官员绶制分类表

品阶	规格		
	纯（底边）	彩线颜色（主体部分）	纺制
一品	绿綟①色	绿、紫、黄、赤	二百四十首②
二品、三品	紫色	紫、黄、赤	一百八十首
四品	青色	青、白、红	一百四十首
五品	黑色	青、绀	一百首

注：①〔綟〕苍绿色。
②〔首〕古代的纺织单位，一首为五扶，扶为由四根丝线组成的网格。

女官冠服

女官礼衣，通用杂色，其制如钿钗礼衣，唯无首饰、佩、绶。七品以上，有大事服之，寻常供奉则公服。公服，去中单、蔽膝、大带，九品以上，大事及寻常供奉，并公服，东宫准此。女史半袖裙襦。

女官主要负责宫中的衣、食、住、礼仪、文书等，唐代置六尚二十四司（详见附录《唐代女官职细表》）。

女官主要有礼衣、公服、便服及职事服。

礼衣用于重大典礼，为七品以上女官所穿，其颜色不固定，主要有青色、绯色。

公服主要用于处理寻常公务，为九品以上女官所穿，无中单、蔽膝与大带。七品以下女官在重大典礼中也穿公服。

便服是女官在日常生活中穿的衣服，高级别的女官可以在衣服的边缘加彩色花纹，穿便服时通常着帔帛。

职事服与女官的职务及负责的事有关，如负责文书类的女史，穿半袖裙襦[1]。

普通女官不戴首饰，通常留单式发髻，近侍[2]留双式发髻。

注：①［襦］短衣，唐代多为反领，左右相对。

②［近侍］在帝、后身边做事的人。

礼衣 图解

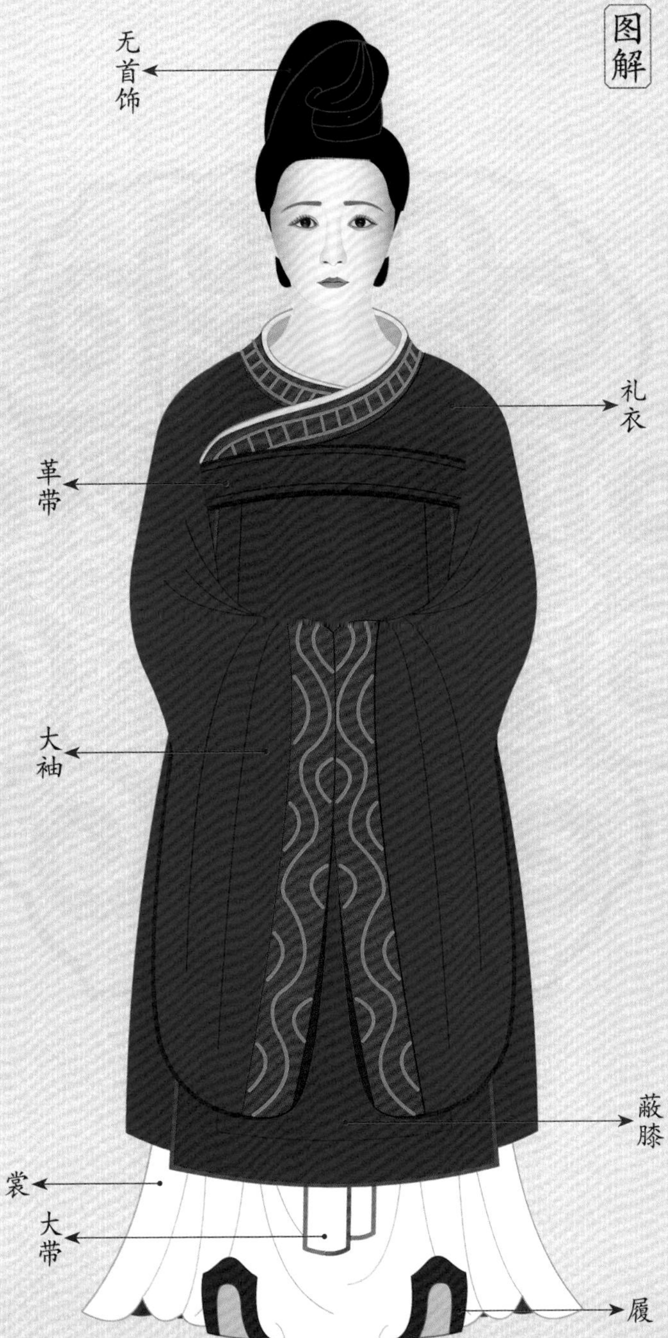

图解 便服
高等级

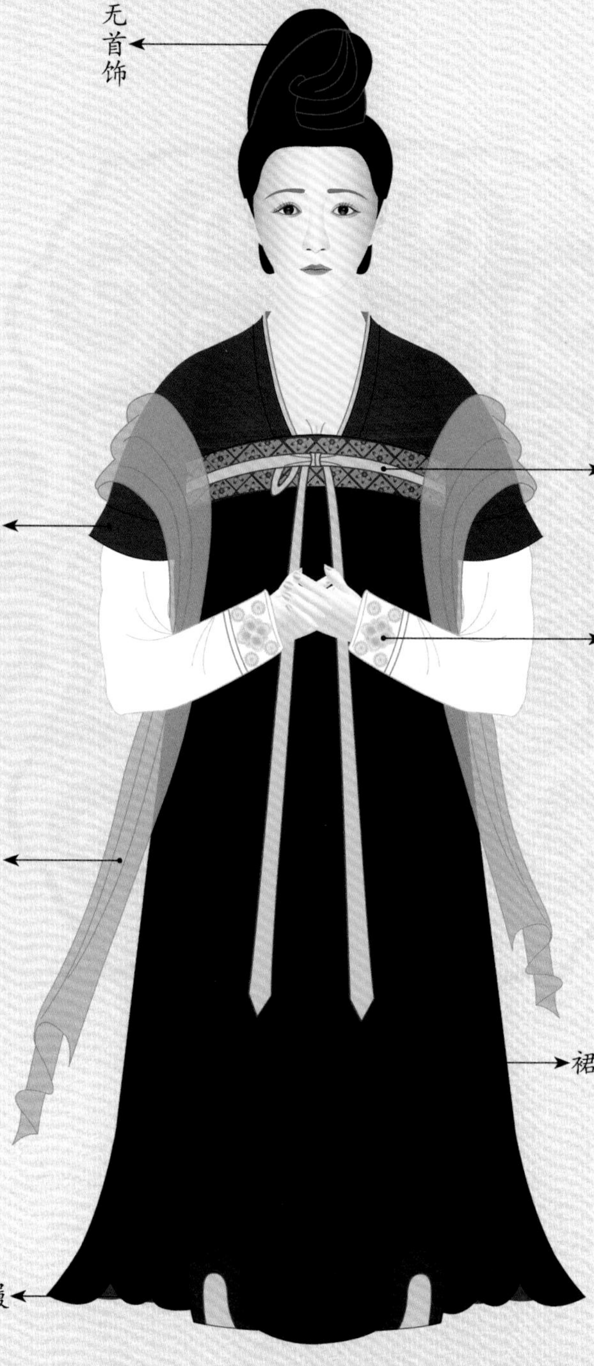

士庶男服

其制，士服短褐，庶人以白，屠商以皂。折上巾，乌皮六合靴，上下通用。士人上服加襕，唐初士人以粗麻襕衫为上服，贵女功之始也。开胯者名曰缺胯衫，庶人服之，束铜铁带，六銙。

庶人[1]服饰，以缺胯衫[2]为主，头戴幞头，脚穿线鞋[3]、草履。衣服的颜色以白色、黑色为主，衣长通常不过膝，一则便于劳作，二则为了节省布料。其腰带，制度上允许用铜带[4]、铁带，实际生活中，百姓大多系布带。

士人[5]服饰，有上服、燕服等，上服用于正式场合，燕服是在日常生活中穿的。宋代米芾在《画史》中描述了唐初士人的服饰："大袖黄衣，短至膝长，白裳也。"唐初允许民间穿黄，只禁赤黄，到了总章元年（668），全面禁止穿黄。

唐代士庶阶层的衣领主要是圆领，交领很少。

注：①［庶人］平民、百姓。

②［缺胯衫］侧面开衩的衫。

③［线鞋］一种简陋的鞋子，线条清晰，缝隙明显。

④［铜带］主要指用皮革制成的腰带，上面用铜装饰。

⑤［士人］介于庶人与官员之间的群体，以读书人为主。

图解

男服 屠商

士庶女服

妇人之服，从其夫及子，庶人不服绫罗。唐初，妇人著履及线靴，开元中，妇人有线鞋，侍儿则著履。永徽中，始用帷帽，武后时益盛。中宗后，乘马多胡帽。文宗诏令妇人裙不过五幅，曳地不过三寸，襦袖不过一尺五寸。

女子衣着，开放包容，有穿男装，也有穿胡服。帽有帷帽、胡帽，鞋有线鞋、履。

女子的发髻，样式繁多，唐《妆台记》（原书已佚）提到半翻髻、反绾髻、乐游髻、双鬟望仙髻、回鹘髻、愁来髻、归顺髻等。

女子的妆容，丰富多样，有腮红似桃面，也有贴花子[1]。据说花子创自上官婉儿，唐《酉阳杂俎·黥》记载："今妇人面饰用花子，起自昭容上官氏所制，以掩点迹。"还有去眉[2]之类的异妆。有一点值得注意，唐代女性不穿耳洞，不戴耳环。

唐文宗时期（826—840），针对服饰颁布了很多禁令，结果执行不下去。

注：①〔花子〕化妆用的纹饰。

②〔去眉〕刮去天然眉毛，画奇形假眉代之。

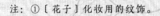

图解 女服

舞姬

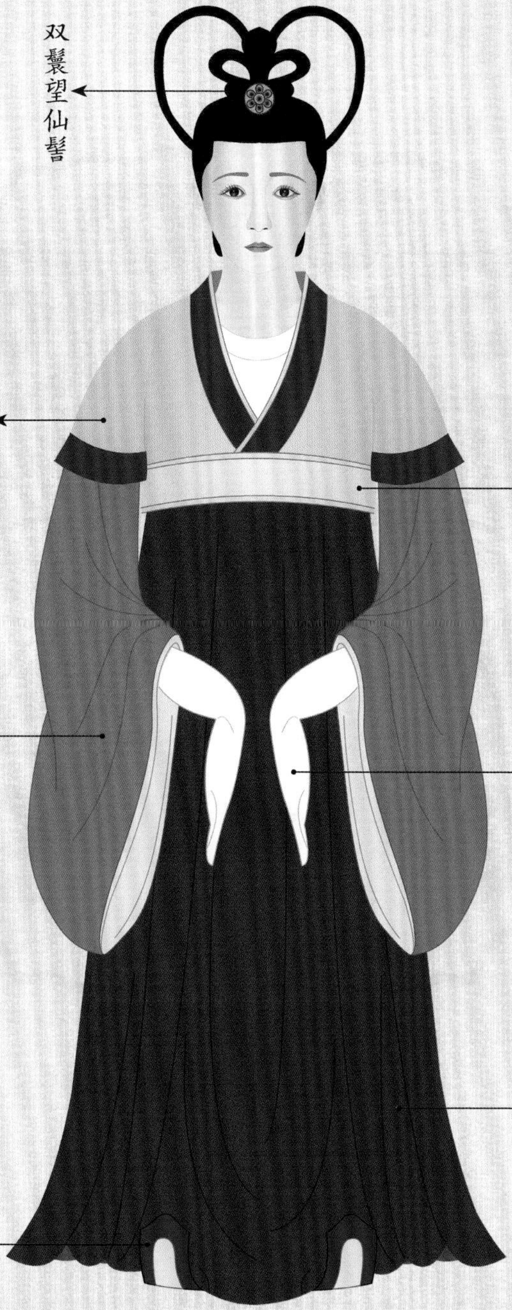

婚嫁服

五品以上子孙、九品以上子婚，皆爵弁服，庶人婚，假以绛公服。九品以上女嫁，大袖连裳，青质，素纱中单，蔽膝、大带、革带、袜、履同裳色，花钗覆笄，两博鬓，饰以金银杂宝。庶人女嫁有花钗，以金银琉璃涂饰，青衣连裳，革带、袜、履同裳色。

爵弁服

其制，无旒，色如雀头，赤而微黑，纁里，玄缨，簪导。弁板前后平，故不得冕名。其服无章，青衣纁裳，白纱中单。钩鰈带，大带为练带，青组纽。白袜，赤履。

关于其服制形象，在敦煌壁画中，有一些唐代婚嫁图，不过看不太清晰，颜色也失真，大多是晚唐时期的。

男子婚服，主要有爵弁[①]服与绛公服[②]。九品以上官员的儿子及五品以上官员的儿子、孙子用爵弁服。庶民的儿子用绛公服，其形制与官员的公服基本相同。

爵弁的外形与冕相似，前后不垂珠旒，其表赤中带黑，里为纁色，缨为玄色。弁板前后的高度一样，这与冕不同，冕是前低后高。

爵弁服，上衣为青色，下裳为纁色。大带为白色，下垂部分的边缘为黑色。革带为钩鰈带，履为赤色。

在唐代，爵弁主要用于迎亲、祭祀等场合。

女子嫁衣，色用青色，衣裳相连[③]，不用盖头[④]。官员的女儿，冠用金银杂宝装饰，垂两博鬓，袖为大袖，中单用白纱，蔽膝、大带、革带、袜、履均为青色。庶民的女儿，没有博鬓、蔽膝、大带，革带、袜、履为青色。

注：①［爵弁］见本书爵弁内容。

②［绛公服］单衣，用缦制成，缦是一种没有花纹、做工相对简易的织物。

③［衣裳相连］衣与裳缝合在一起。

④［盖头］蒙面的头巾，唐代多用于出行，不用于婚礼。

图解 婚嫁服

婚服 品官之子 爵弁服

婚嫁服 图解

嫁衣 品官之女

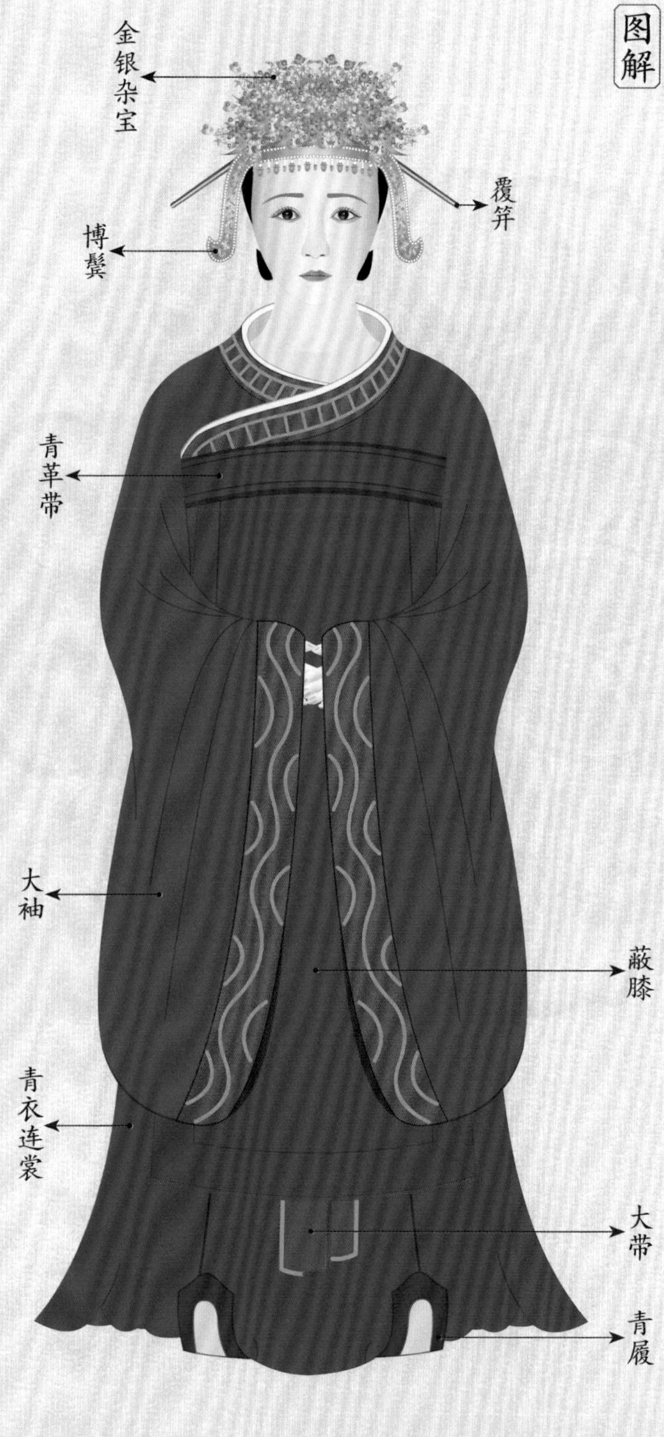

甲胄

甲之制十有三：一曰明光甲，二曰光要甲，三曰细鳞甲，四曰山文甲，五曰乌锤甲，六曰白布甲，七曰皂绢甲，八曰布背甲，九曰步兵甲，十曰皮甲，十有一曰木甲，十有二曰锁子甲，十有三曰马甲。

《大唐六典》卷十六记载，唐代有十三种甲，分别用铁、皮、布、木等制成，具体形制大多已无从考证。其中明光甲最具代表性，在出土的陶俑中比较常见，不过装饰多有夸张，甚至带有神化色彩。马甲包含马具及马兵甲，通过唐懿德太子墓出土的马兵俑，可了解到马甲的整体形制。

甲胄主要由兜鍪[①]、顿项[②]、身甲、披膊[③]、臂缚[④]、胫甲[⑤]等组成。唐代的臂缚比较有特色，上方冗余而外翻，士兵一般会用细带扎紧，顿项也有类似形制。

注：①［兜鍪］头盔，用于保护头部。

②［顿项］位于头盔下方，用于保护颈部。

③［披膊］用于保护肩膊。

④［臂缚］用于保护小臂。

⑤［胫甲］用于保护小腿。

甲胄 图解

明光甲

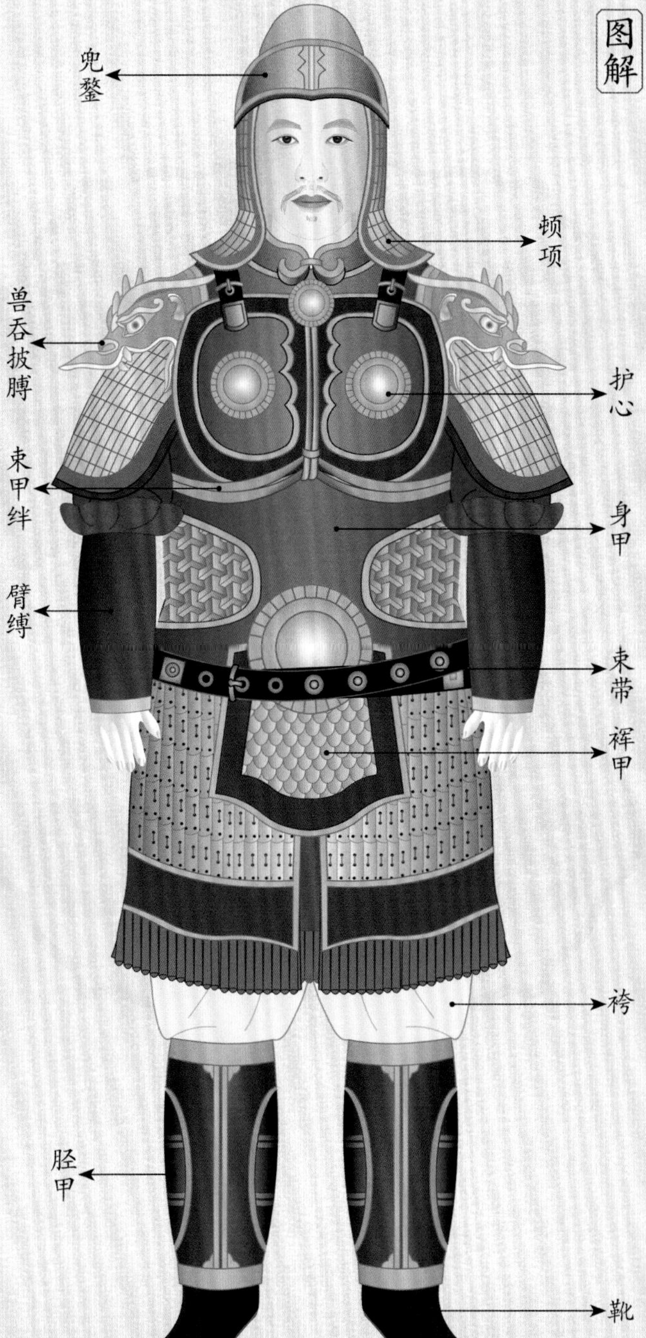
兜鍪
顿项
兽吞披膊
护心
束甲绊
身甲
臂缚
束带
裈甲
袴
胫甲
靴

平巾帻袴褶

其制，簪导，起梁带，大口袴，乌皮靴，武官及卫官寻常公事所服。陪立大仗加裲裆，服紫褶加金装裲裆，服绯褶加银装裲裆。袴褶，五品以上，细绫及罗为之，六品以下，小绫为之。裲裆，其一当胸，其一当背。

平巾帻主要为武官、卫官[1]所用。唐初，在天子、皇太子的冠服里，也有平巾帻，主要用于骑马，贞观（627—649）之后就很少用了。

唐代前期，五品以上官员穿紫褶[2]，六品以下穿绯褶。《唐会要》卷三十一记载："神龙二年九月二十七日敕：停京官六品以下著绯袴[3]褶，令各依本品为定。"从神龙二年（706）开始，官员穿的褶，颜色与其常服相同。

在仪仗中，武官、卫官加縢蛇[4]、裲裆[5]。穿紫褶裲裆用金饰，穿绯褶裲裆用银饰。

文官骑马的时候，也用平巾帻袴褶，但不加裲裆。

注：①［卫官］仪卫官。

②［褶］套衣，穿在最外层。

③［袴］套裤，穿在最外层。

④［縢蛇］蛇形的装饰物，里为绵，长两米多。

⑤［裲裆］一片在胸前，一片在背后，两片通过扣带连接。

图解

平巾帻裤褶

绯褶裲裆

兵器

刀之制有四：一曰仪刀，二曰鄣刀，三曰横刀，四曰陌刀。枪之制有四：一曰漆枪，二曰木枪，三曰白干枪，四曰朴头枪。漆枪短，骑兵用之；木枪长，步兵用之；白干枪，羽林所执；朴头枪，金吾所执也。

唐代有四种刀，即仪刀、鄣刀、横刀、陌刀。其中仪刀、横刀有文物与壁画做参考，鄣刀、陌刀形制不详。

仪刀，主要是卫士所执，名称始于隋代，柄首是个较大的龙凤环，用金银装饰，刀身有长有短，大多较普通佩刀长一些。横刀，是唐朝代表性的佩刀，名称也是始于隋，刀身呈直线形。陌刀，是一种长刀，主要是步兵所用，《旧唐书·列传第六》记载：“阚稜，齐州临济人，善用大刀，长一丈，施两刃，名为陌刃。”这里提到的陌刃，或为陌刀，其形制为双刃大刀。鄣刀，史书少有记载。

唐代枪有四种，即漆枪、木枪、白干枪、朴头枪。漆枪短，用于骑兵；木枪长，用于步兵；白干枪、朴头枪主要是卫士所用，具体形制不详。

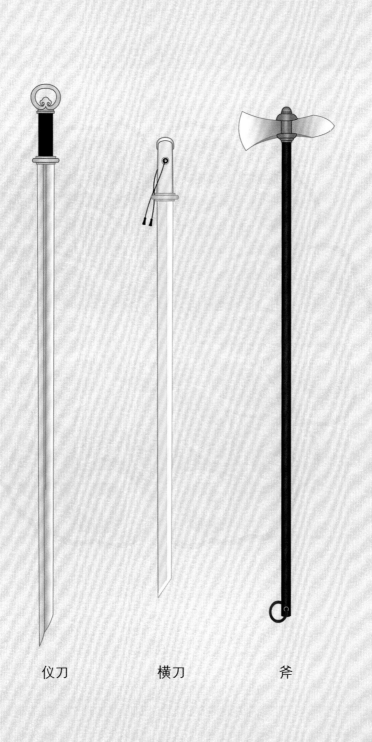

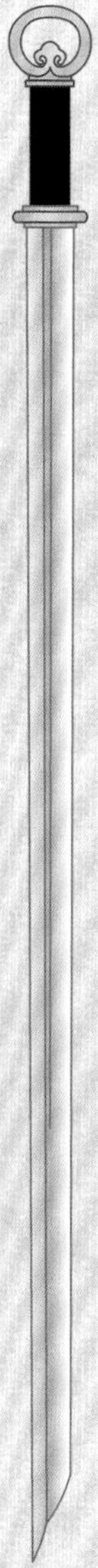

仪刀

横刀

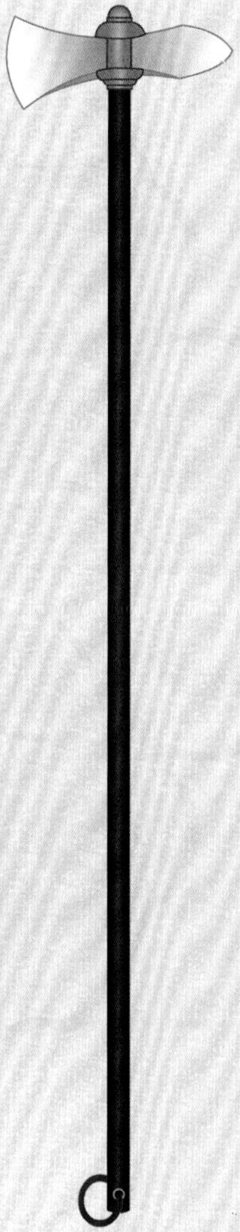

斧

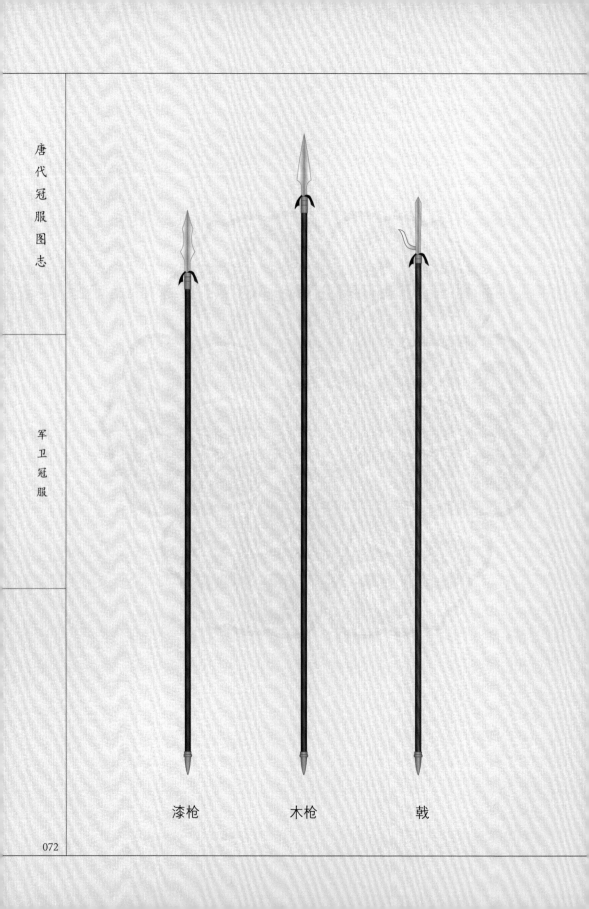

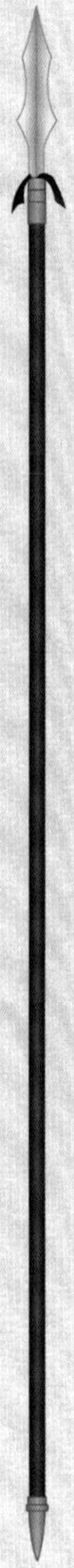

漆枪

木枪

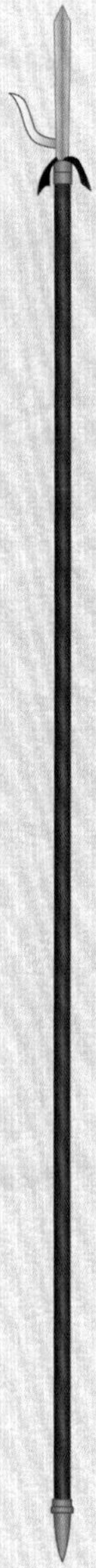

戟

三 冠服展示

天子冠服

大裘冕

天子冠服

袞冕

天子冠服

通天冠　绛纱袍

天子冠服

常服 赤黄

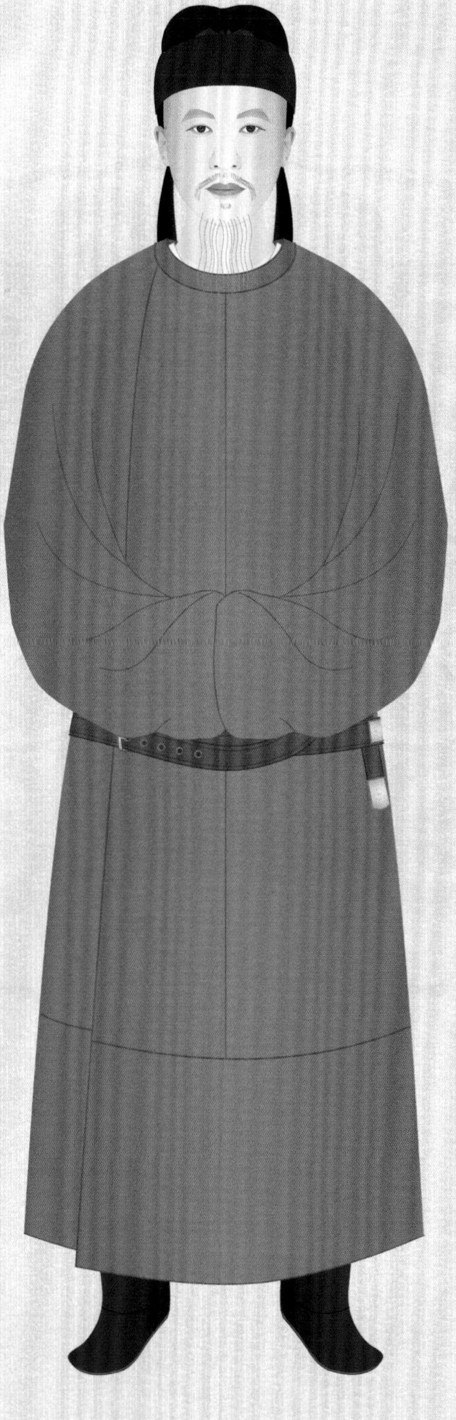

皇后冠服

袆衣

皇后冠服

鞠衣

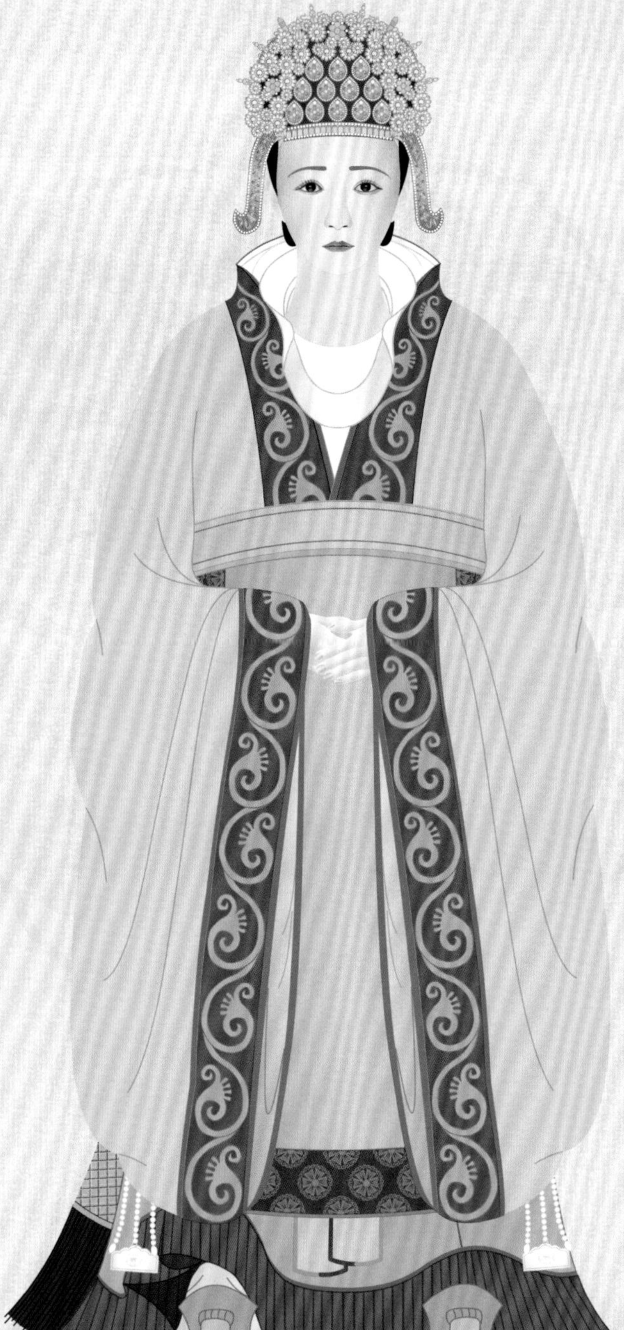

皇后冠服

钿钗礼衣

皇太子冠服

衮冕

皇太子冠服

具服远游冠

皇太子冠服

公服远游冠

皇太子冠服

常服　进德冠

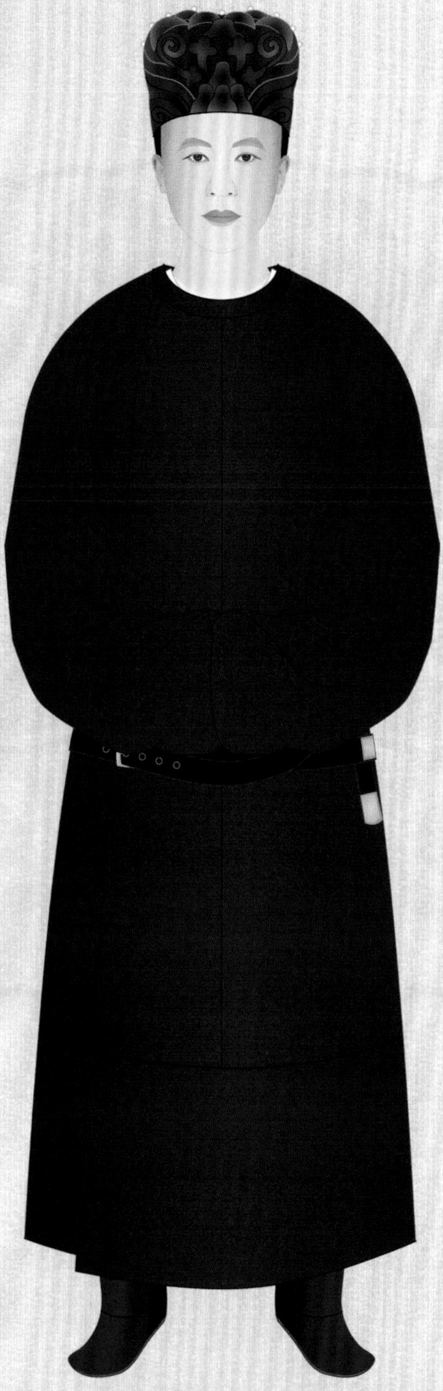

群臣冠服

朝服 进贤三梁冠 三品

群臣冠服

朝服 进贤一梁冠 六品

群臣冠服

朝服 武弁 四品

群臣冠服

朝服 貂蝉武弁 右珥

群臣冠服

公服　进贤二梁冠

群臣冠服

公服　武弁

群臣冠服

公服　貂蝉武弁　左珥

群臣冠服

常服 一等 紫

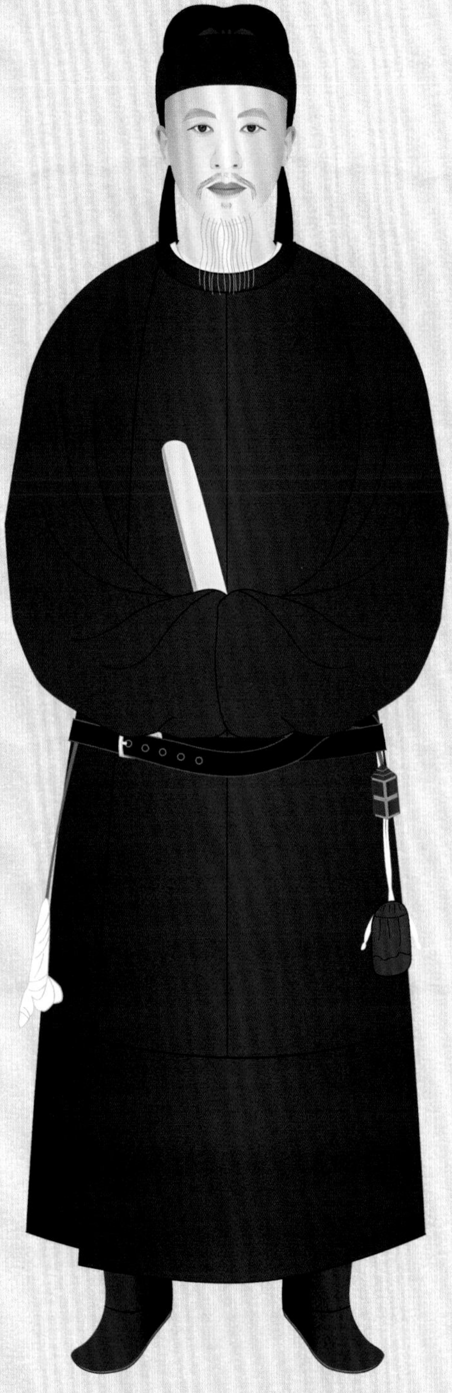

群臣冠服

常服 二等 绯

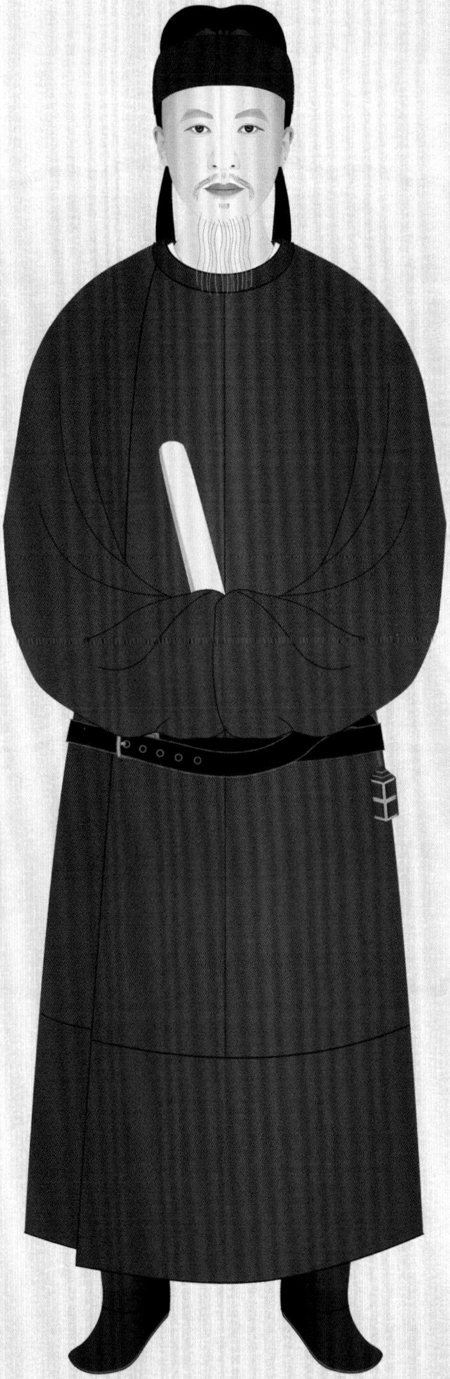

群臣冠服

常服 三等 绿

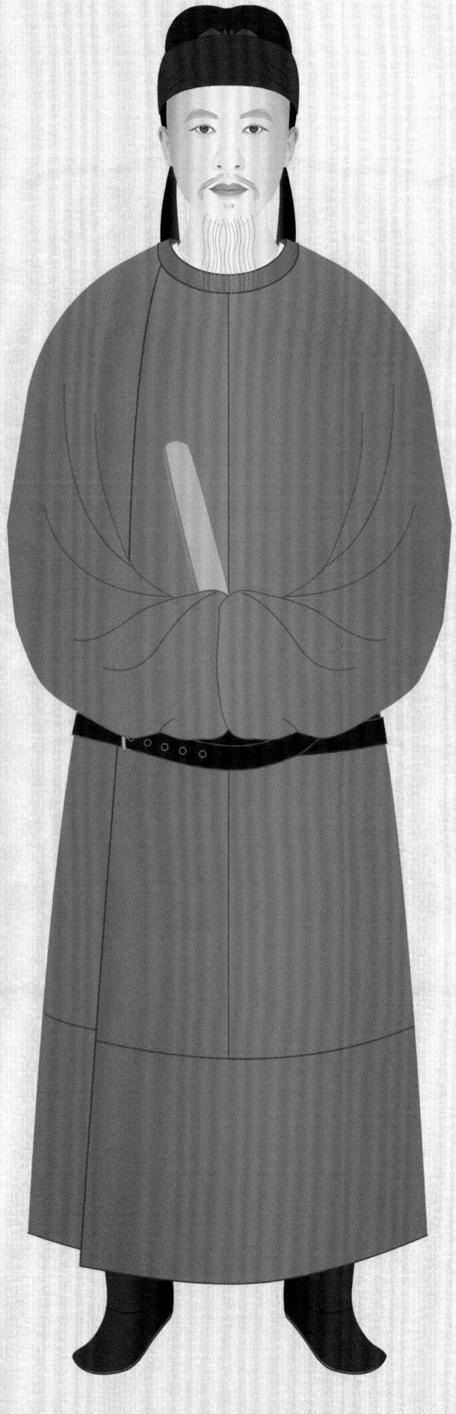

群臣冠服

常服 四等 青

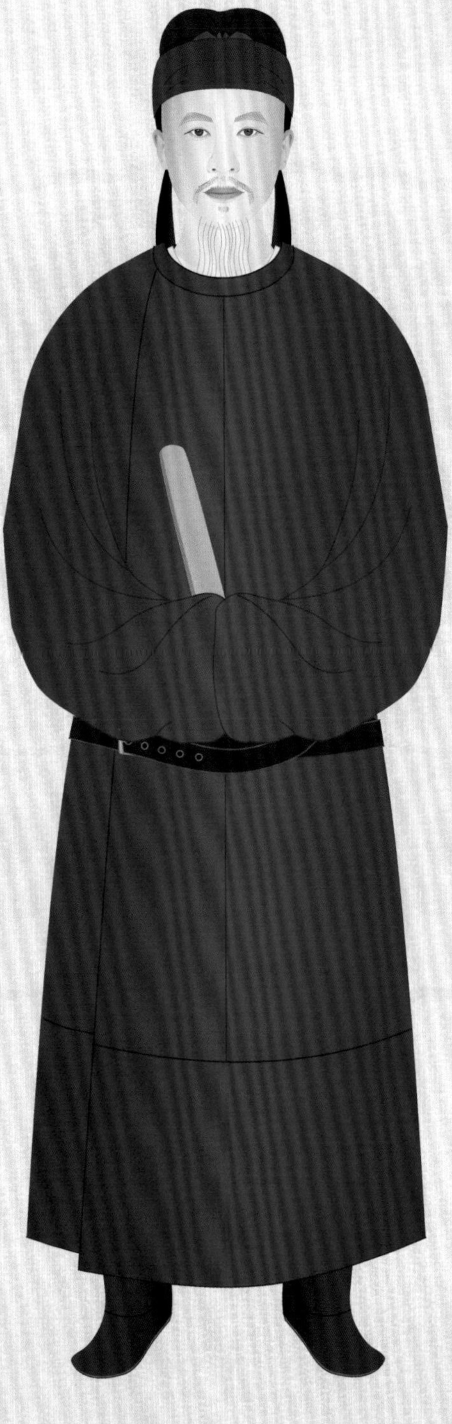

群臣冠服

赐服　尚书　对雁

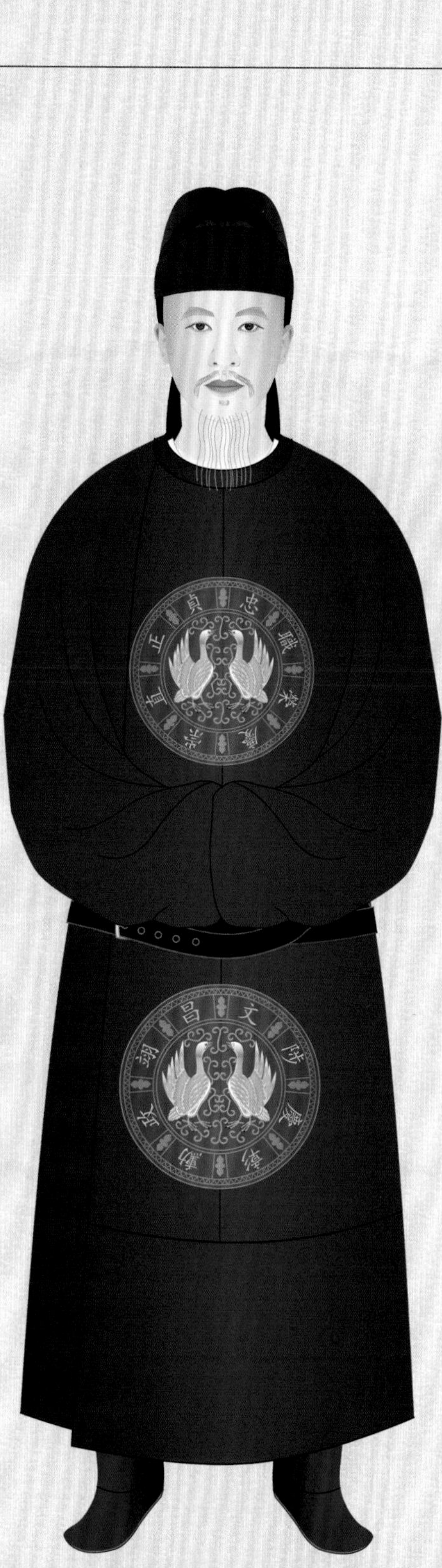

群臣冠服

祭服 毳冕

群臣冠服

祭服　绣冕

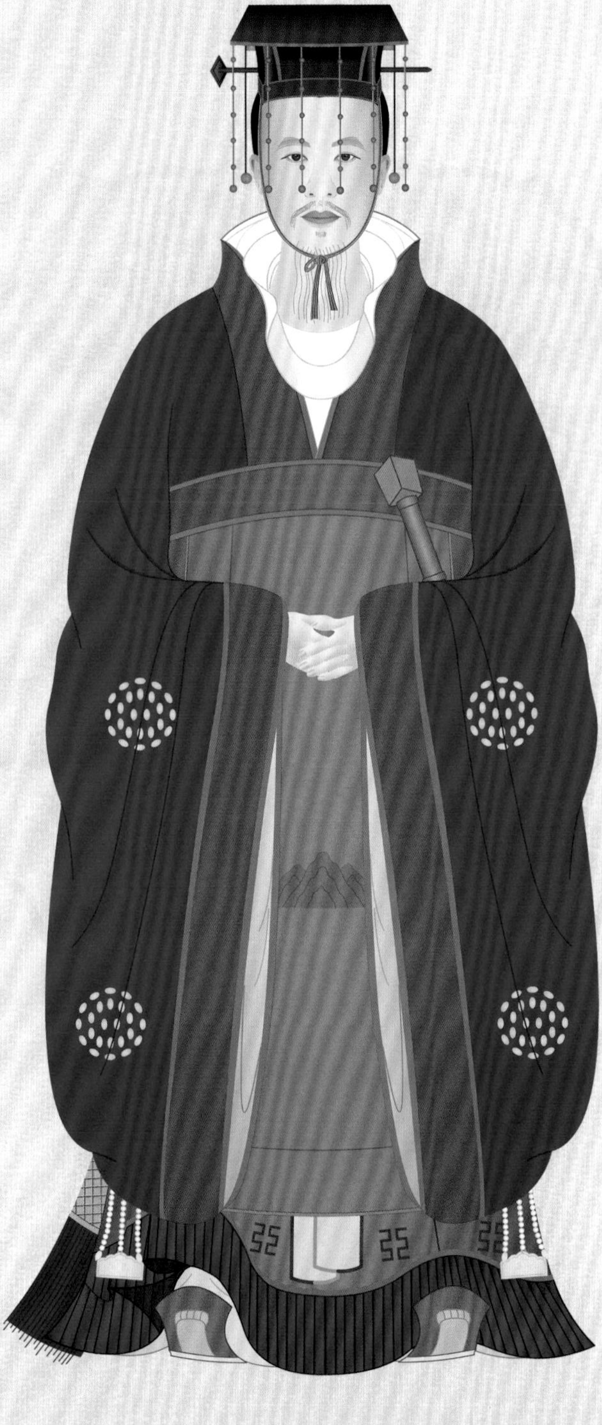

群臣冠服

弁服 文官寻常公事

女官冠服

礼衣

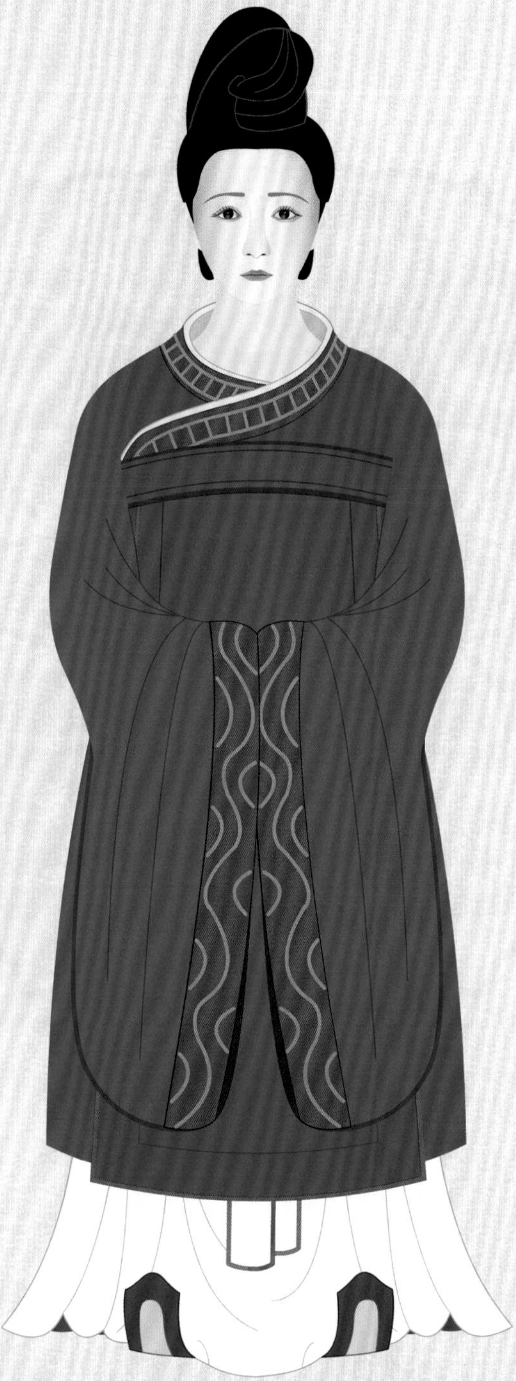

女官冠服

公服

女官冠服

便服　高等级

女官冠服

便服　低等级

女官冠服
东宫内官

女官冠服

近侍

女官冠服

女史 半袖裙襦

士庶冠服

士人 上服

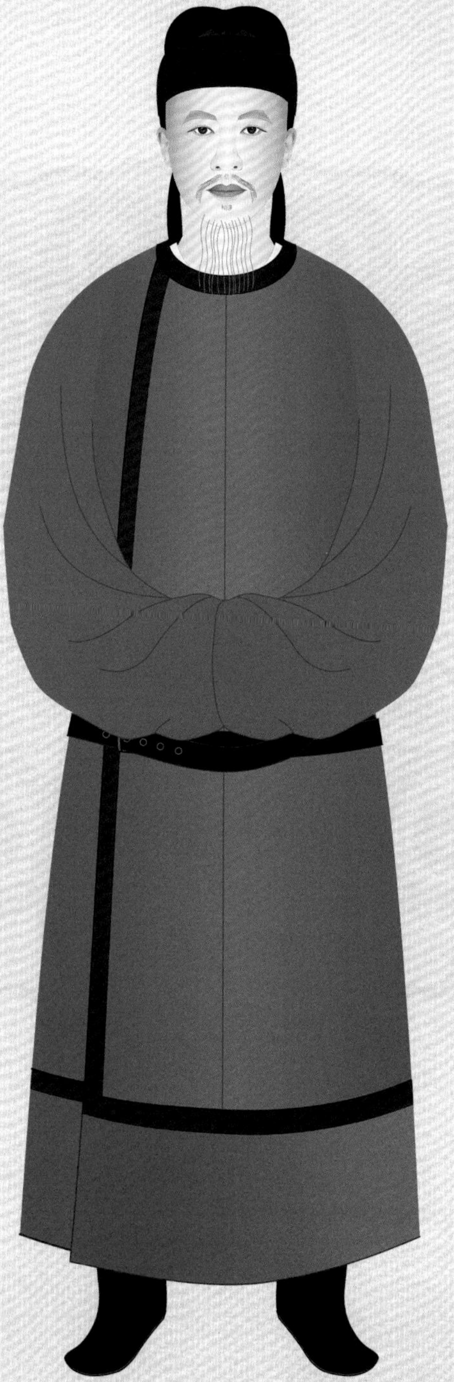

士庶冠服

士人 燕服

士庶冠服

民夫

士庶冠服

屠商

士庶冠服

文吏

士庶冠服

差役

士庶冠服

仕女

士庶冠服

女童

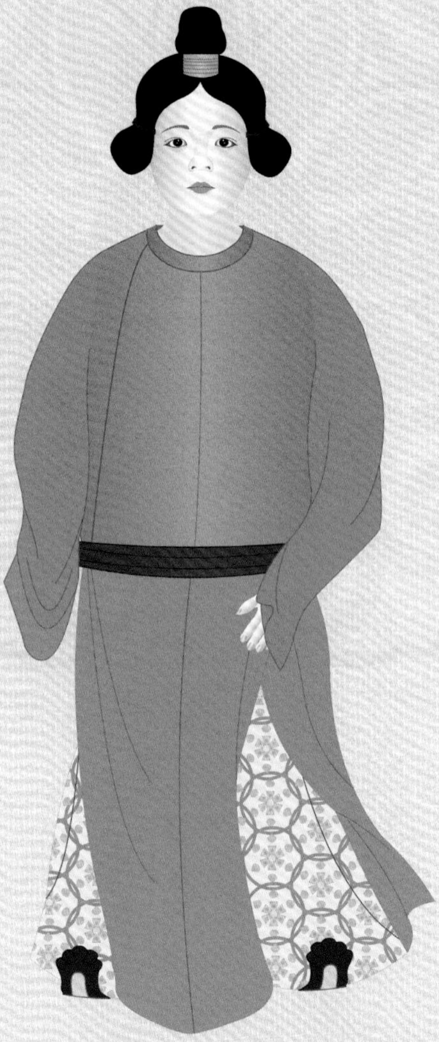

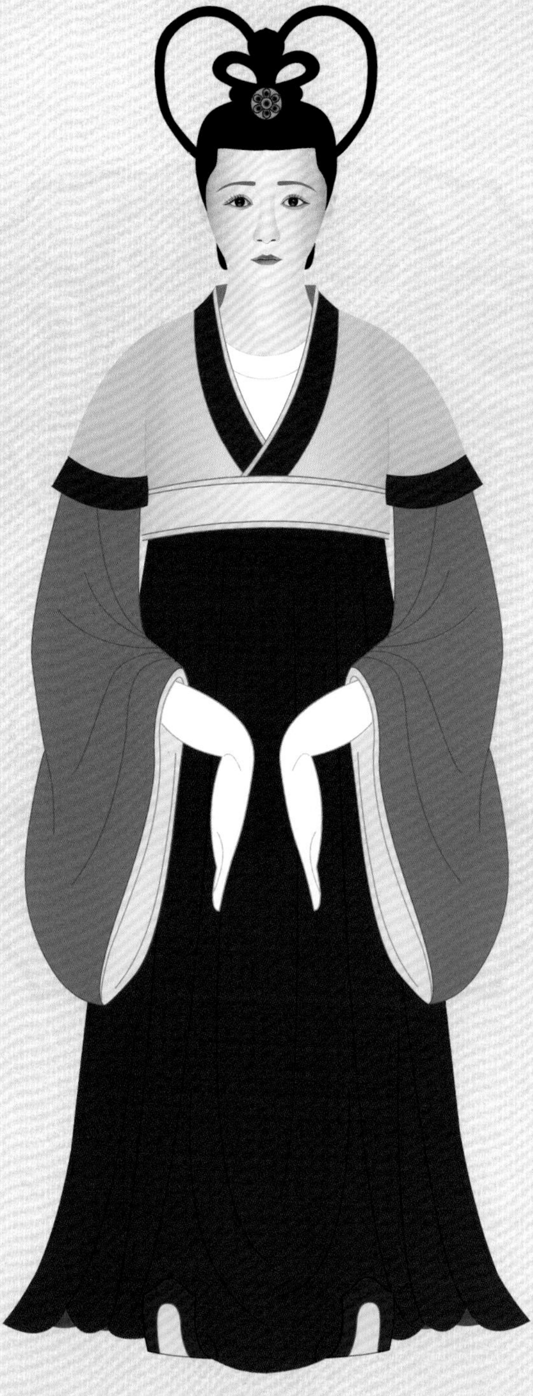

士庶冠服

舞姬

士庶冠服

女着男装

士庶冠服

抹额

士庶冠服

宫女

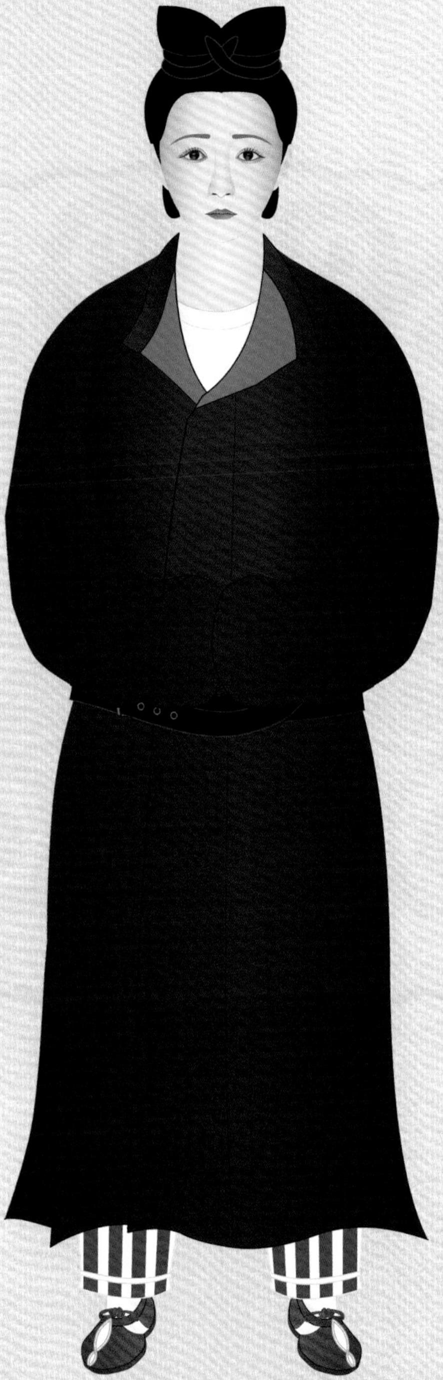

士庶冠服

女侍

士庶冠服

帷裙

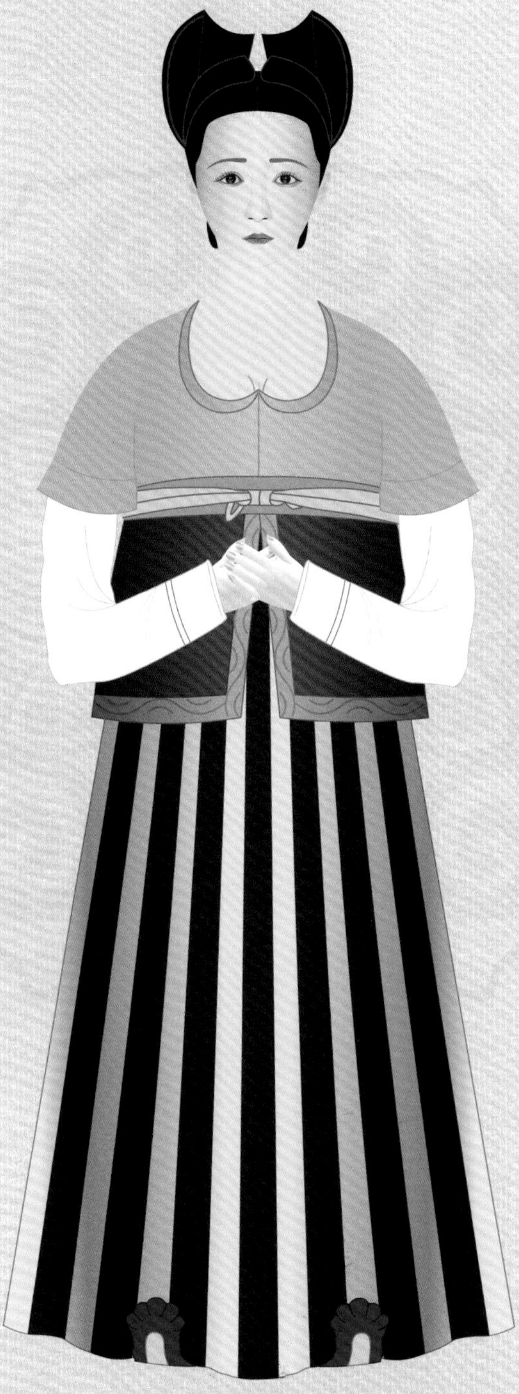

士庶冠服

帷帽

士庶冠服

面帽

士庶冠服

女着胡服

士庶冠服

桃面花子

士庶冠服

去眉

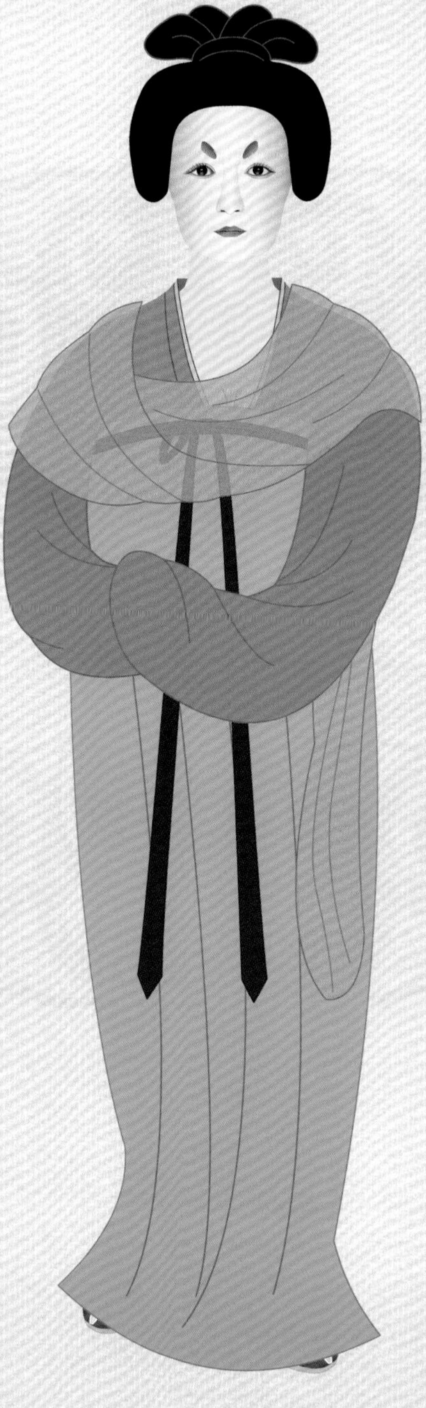

士庶冠服

婚服　品官之子　爵弁服

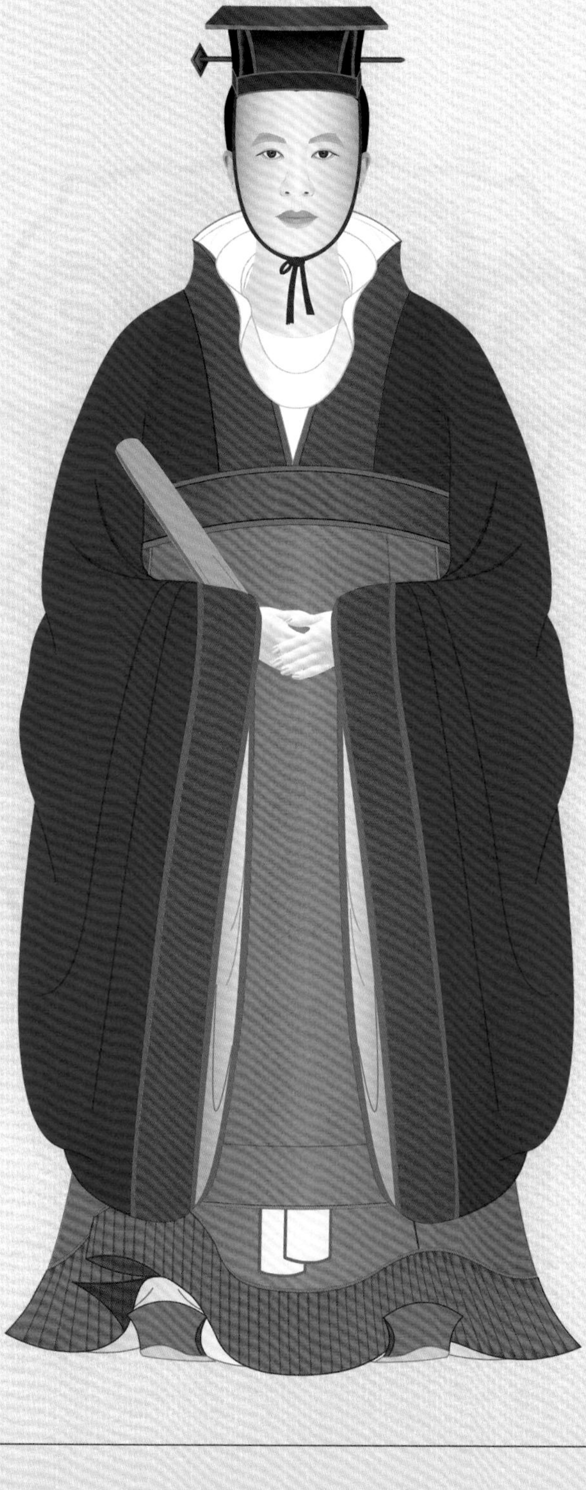

士庶冠服

嫁衣　品官之女

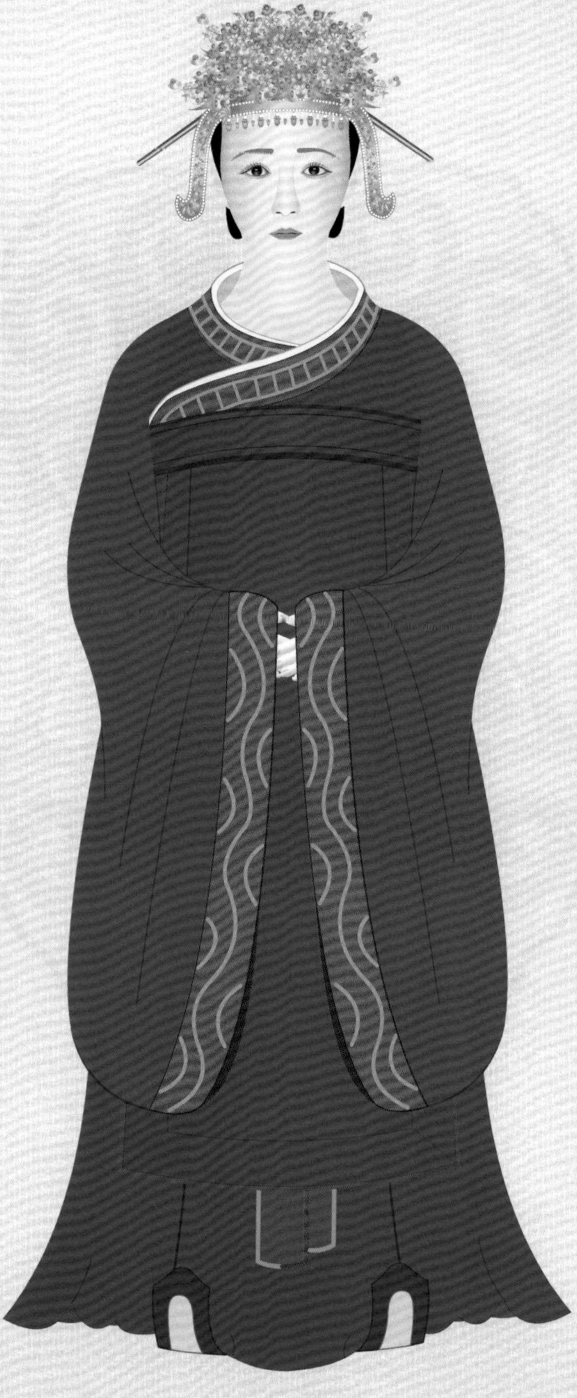

士庶冠服

婚服　民之子　绛公服

士庶冠服

嫁衣　民之女

军卫冠服

明光甲

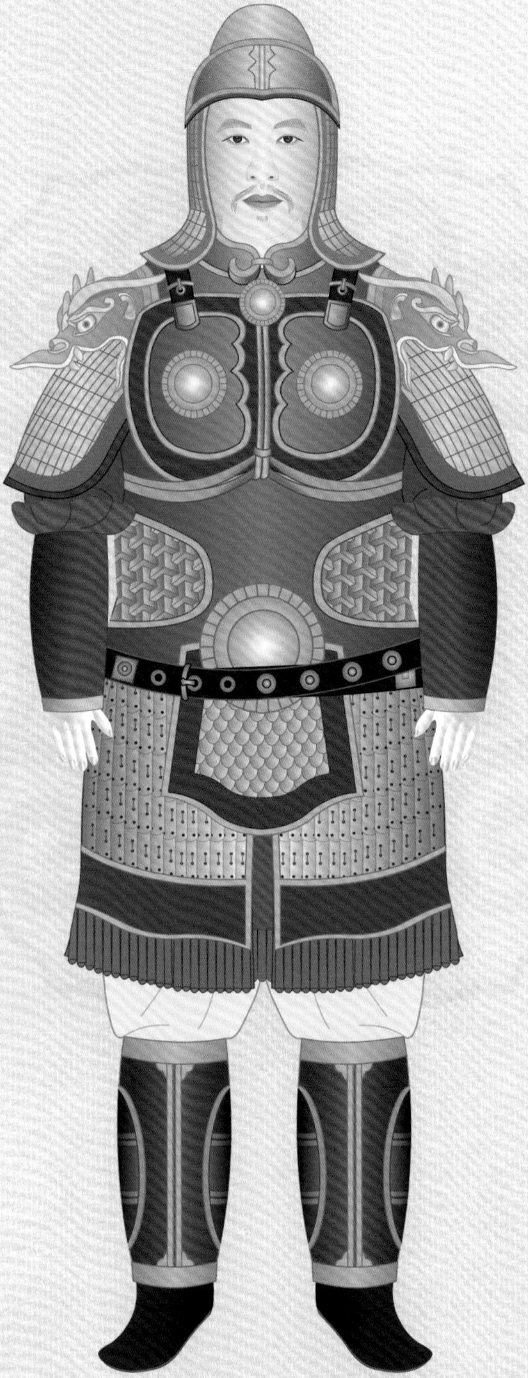

军卫冠服

细鳞甲

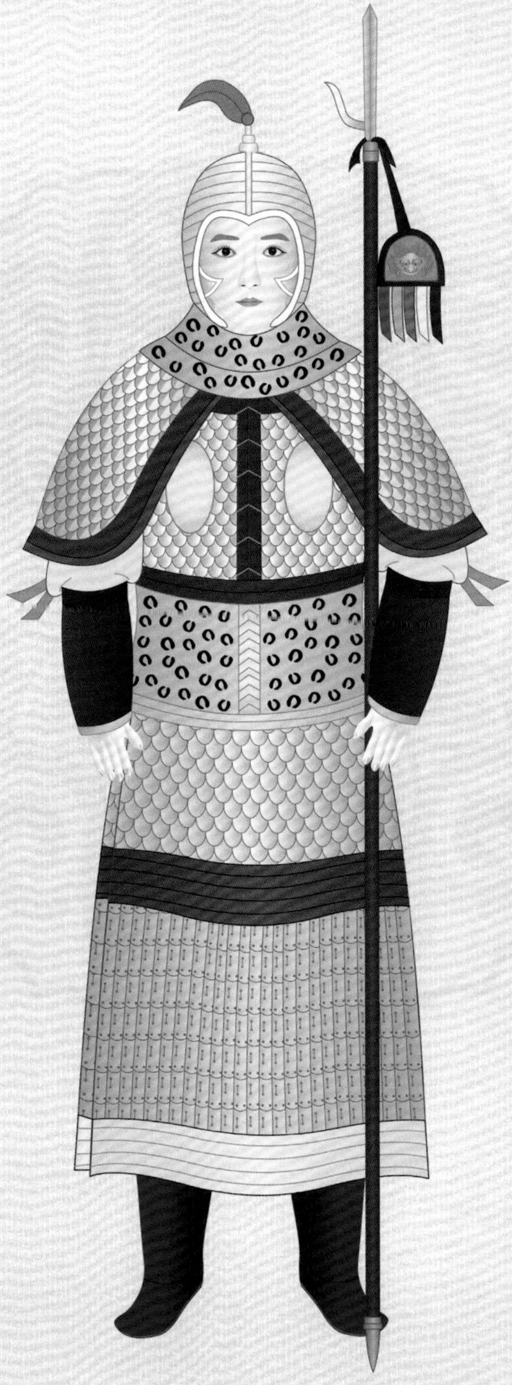

军卫冠服

步兵甲

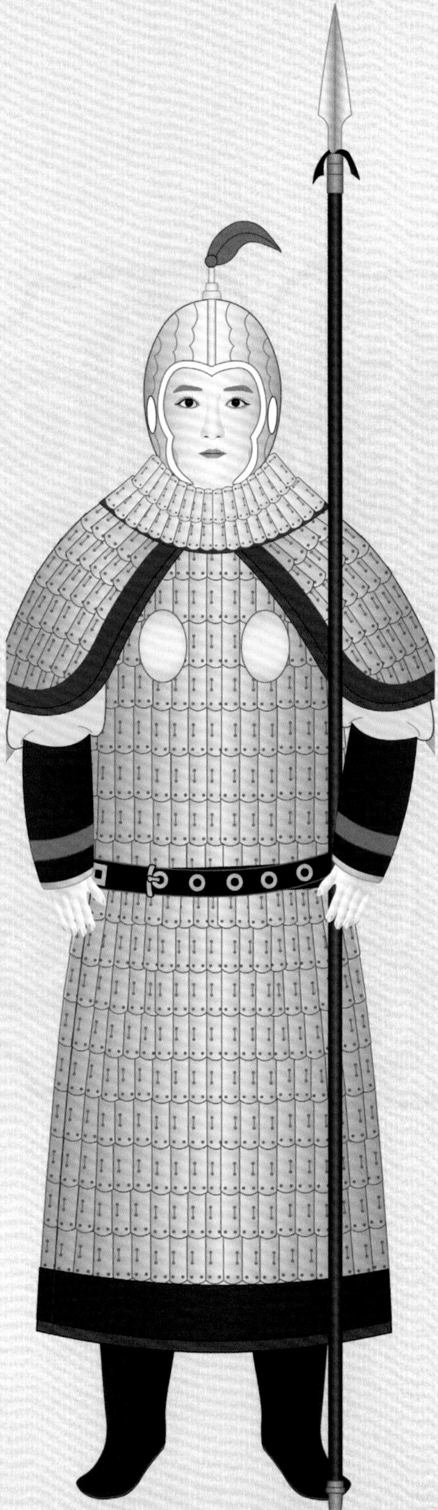

军卫冠服

马兵甲

军卫冠服

皮甲

军卫冠服

平巾帻袴褶 绯褶

军卫冠服

平巾帻袴褶　紫褶裲裆

军卫冠服

平巾帻袴褶　绯褶裲裆

军卫冠服

仪卫 抹额

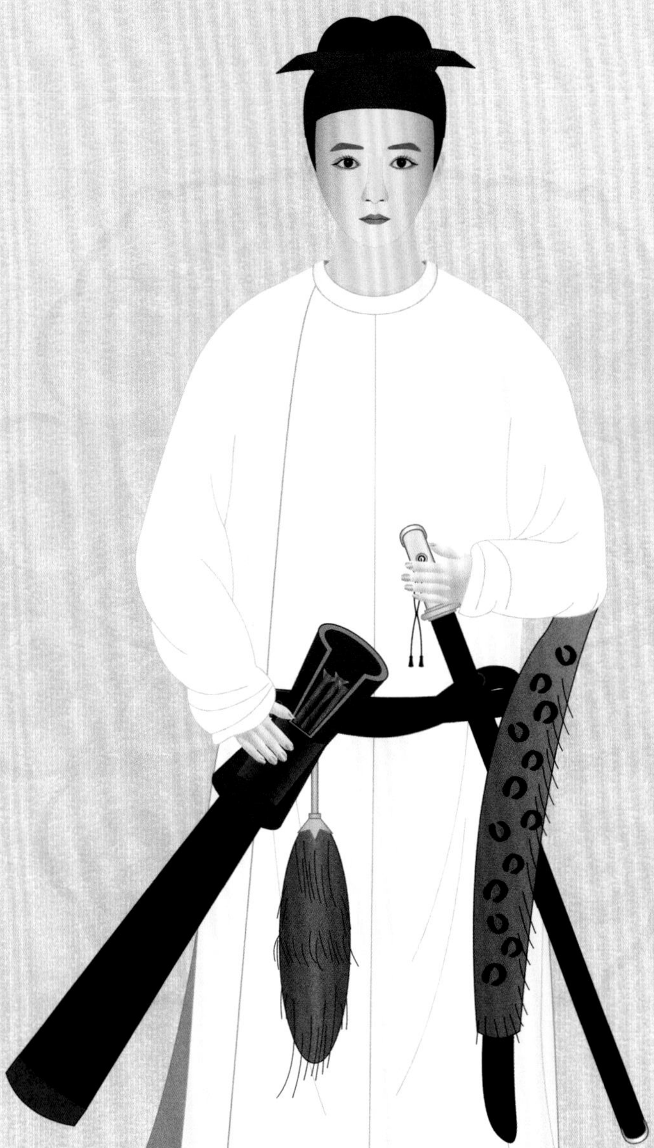

军卫冠服

卫官

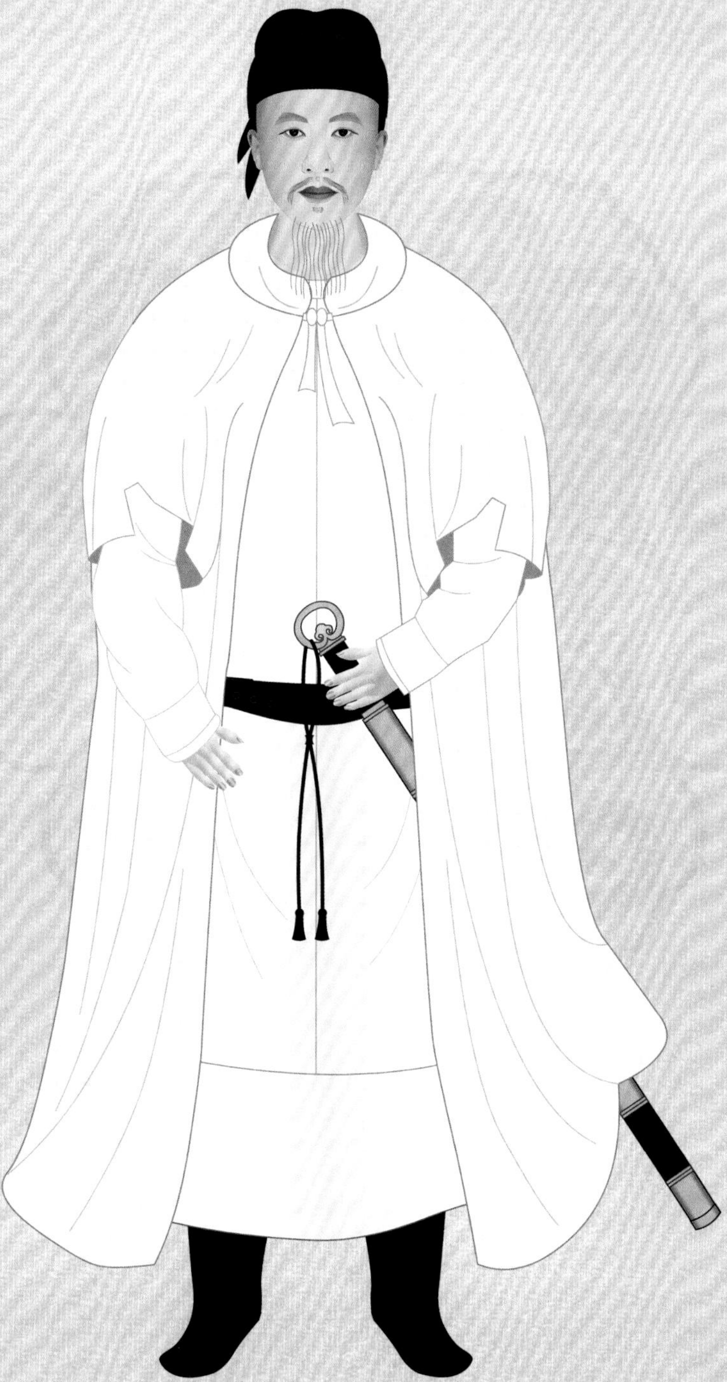

军卫冠服

武官蹀躞七事

军卫冠服

鹖冠　白练裙

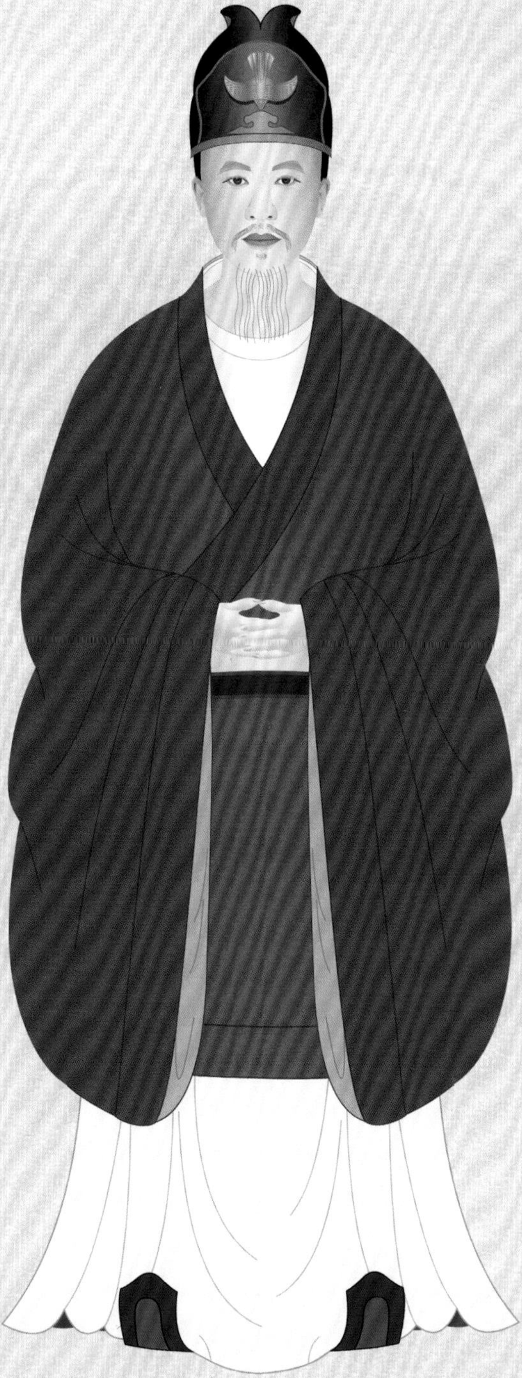

军卫冠服

鹖冠　裲裆

军卫冠服

监门卫

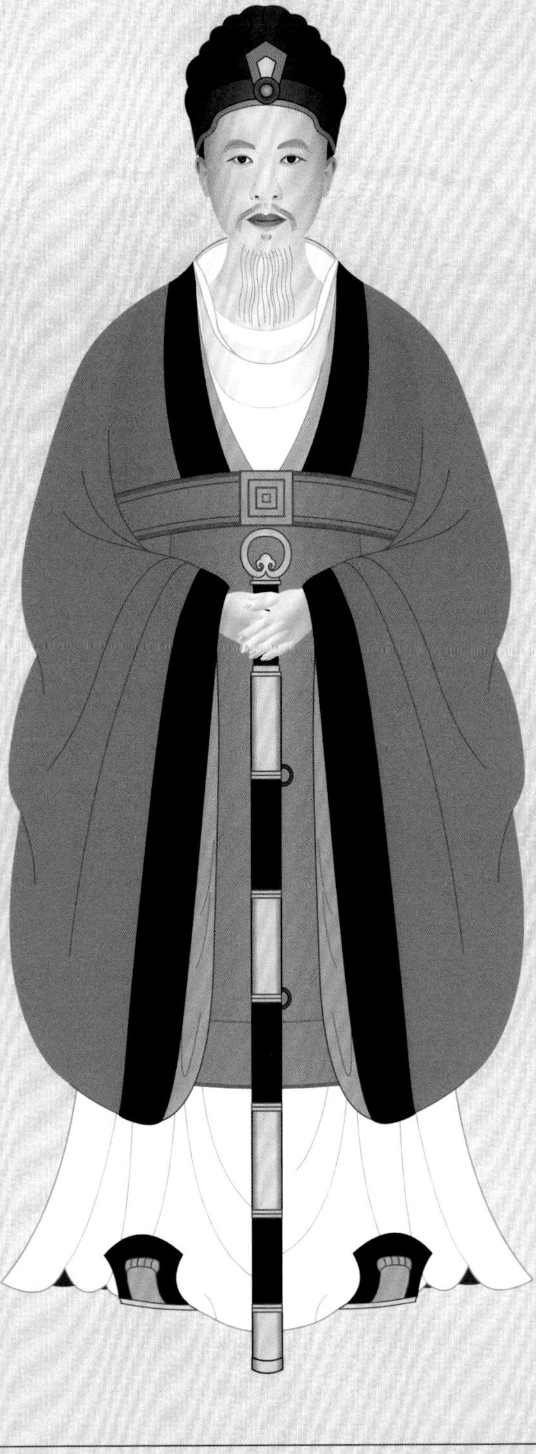

军卫冠服

近卫

参考文献

[1] 刘昫 . 旧唐书 : 舆服志 [M]. 清乾隆武英殿刻本 .

[2] 欧阳修 . 新唐书 : 车服志 [M]. 清乾隆武英殿刻本 .

[3] 杜佑 . 通典 : 礼六十八 [M]. 宋刻本 .

[4] 李林甫 . 大唐六典 [M]. 明嘉靖刻本 .

[5] 魏徵 . 隋书 : 礼仪志 [M]. 清乾隆武英殿刻本 .

[6] 孔颖达 . 礼记正义 : 玉藻第十三 [M]. 宋两浙东路茶盐司刻本 .

[7] 米芾 . 画史 [M]// 钦定四库全书 : 子部八 . 清乾隆抄本 .

[8] 段成式 . 酉阳杂俎 : 黥 [M]. 明万历新都汪士贤校刻本 .

[9] 王溥 . 唐会要 : 卷三十一 [M]. 刻本 . 苏州 : 江苏书局 ,1884(清光绪十年).

附录

附表一　唐代女官职细表

<table>
<tr><th colspan="5">品阶及职位</th><th rowspan="2">职责</th></tr>
<tr><th>正五品</th><th>正六品</th><th>正七品</th><th>正八品</th><th>流外</th></tr>
<tr><td rowspan="5">尚宫
（二人）</td><td>司记二人</td><td>典记二人</td><td>掌记二人</td><td>女史六人</td><td>掌印，宫内文簿入出，录为抄目，审而付行</td></tr>
<tr><td>司言二人</td><td>典言二人</td><td>掌言二人</td><td>女史四人</td><td>司言掌宣传启奏</td></tr>
<tr><td>司簿二人</td><td>典簿二人</td><td>掌簿二人</td><td>女史六人</td><td>司簿掌宫人名簿廪赐</td></tr>
<tr><td>司闱二人</td><td>典闱二人</td><td>掌闱二人</td><td>女史四人</td><td>司闱掌宫闱管籥</td></tr>
<tr><td colspan="5">尚宫之职，掌导引中宫，总司记、司言、司簿、司闱四司之官属。凡六尚书物出纳文簿，皆印署之</td></tr>
<tr><td rowspan="5">尚仪
（二人）</td><td>司籍二人</td><td>典籍二人</td><td>掌籍二人</td><td>女史十人</td><td>司籍掌四部经籍、笔札几案</td></tr>
<tr><td>司乐四人</td><td>典乐四人</td><td>掌乐二人</td><td>女史二人</td><td>司乐掌率乐人习乐、陈悬、拊击、进退</td></tr>
<tr><td>司宾二人</td><td>典宾二人</td><td>掌宾二人</td><td>女史二人</td><td>司宾掌宾客朝见、宴会赏赐</td></tr>
<tr><td>司赞二人</td><td>典赞二人</td><td>掌赞二人</td><td>女史二人</td><td>司赞掌朝见、宴会赞相</td></tr>
<tr><td colspan="5">尚仪之职，掌礼仪起居，总司籍、司乐、司宾、司赞四司之官属</td></tr>
<tr><td rowspan="5">尚服
（二人）</td><td>司宝二人</td><td>典宝二人</td><td>掌宝二人</td><td>女史四人</td><td>司宝掌瑞宝、符契、图籍</td></tr>
<tr><td>司衣二人</td><td>典衣二人</td><td>掌衣二人</td><td>女史四人</td><td>司衣掌衣服、首饰</td></tr>
<tr><td>司饰二人</td><td>典饰二人</td><td>掌饰二人</td><td>女史四人</td><td>司饰掌膏沐、巾栉</td></tr>
<tr><td>司仗二人</td><td>典仗二人</td><td>掌仗二人</td><td>女史二人</td><td>司仗掌羽仪仗卫</td></tr>
<tr><td colspan="5">尚服之职，掌供内服用采章之数，总司宝、司衣、司饰、司仗四司之官属</td></tr>
<tr><td rowspan="5">尚食
（二人）</td><td>司膳四人</td><td>典膳四人</td><td>掌膳四人</td><td>女史四人</td><td>司膳掌制烹煎和</td></tr>
<tr><td>司酝二人</td><td>典酝二人</td><td>掌酝二人</td><td>女史二人</td><td>司酝掌酒醴酏饮</td></tr>
<tr><td>司药二人</td><td>典药二人</td><td>掌药二人</td><td>女史四人</td><td>司药掌方药</td></tr>
<tr><td>司饎二人</td><td>典饎二人</td><td>掌饎二人</td><td>女史四人</td><td>司饎掌给宫人廪饩饭食、薪炭</td></tr>
<tr><td colspan="5">尚食之职，掌供膳馐品齐之数，总司膳、司酝、司药、司饎四司之官属。凡进食，先尝之</td></tr>
</table>

（续表）

品阶及职位					职责
正五品	正六品	正七品	正八品	流外	
尚寝（二人）	司设二人	典设二人	掌设二人	女史四人	司设掌帏帐茵席、扫洒张设
	司舆二人	典舆二人	掌舆二人	女史一人	司舆掌舆辇伞扇羽仪
	司苑二人	典苑二人	掌苑二人	女史二人	司苑掌园苑种植蔬果
	司灯二人	典灯二人	掌灯二人	女史二人	司灯掌灯烛
	尚寝之职，掌燕寝进御之次序，总司设、司舆、司苑、司灯四司之官属				
尚功（二人）	司制二人	典制二人	掌制二人	女史二人	司制掌衣服裁缝
	司珍二人	典珍二人	掌珍二人	女史六人	司珍掌宝货
	司彩二人	典彩二人	掌彩二人	女史二人	司彩掌缯锦丝枲之事
	司计二人	典计二人	掌计二人	女史二人	司计掌支度衣服、饮食、薪炭
	尚功之职，掌女功之程课，总司制、司珍、司彩、司计四司之官属				
宫正（一人）	司正二人	典正二人		女史四人	司正、典正辅佐宫正
	宫正之职，掌戒令、纠禁、谪罚之事				

注：以上主要参考《旧唐书·职官三》《新唐书·百官二》。

附表二 唐代年号表[①]

皇帝	庙号	年号及时间
李渊	高祖	武德（618—626）
李世民	太宗	贞观（627—649）
李治	高宗	永徽（650—655）、显庆[②]（656—661）、龙朔（661—663）、麟德（664—665）、乾封（666—668）、总章（668—670）、咸亨（670—674）、上元（674—676）、仪凤（676—679）、调露（679—680）、永隆[③]（680—681）、开耀（681—682）、永淳（682—683）、弘道（683）
李显	中宗	嗣圣（684）
李旦	睿宗	文明（684）、光宅[④]（684）、垂拱（685—688）、永昌（689）、载初（690）
武则天	—	天授（690—692）、如意（692）、长寿（692—694）、延载（694）、证圣（695）、天册万岁（695—696）、万岁登封（696）、万岁通天（696—697）、神功（697）、圣历（698—700）、久视（700）、大足（701）、长安（701—704）
李显	中宗	神龙（705—707）、景龙（707—710）
李旦	睿宗	景云（710—712）、太极（712）、延和（712）
李隆基	玄宗	先天（712—713）、开元（713—741）、天宝（742—756）
李亨	肃宗	至德（756—758）、乾元（758—760）、上元（760—761）
李豫	代宗	宝应（762—763）、广德（763—764）、永泰（765—766）、大历（766—779）
李适	德宗	建中（780—783）、兴元（784）、贞元（785—805）
李诵	顺宗	永贞（805）
李纯	宪宗	元和（806—820）
李恒	穆宗	长庆（821—824）
李湛	敬宗	宝历（825—826）

（续表）

皇帝	庙号	年号及时间
李昂	文宗	宝历（826）、大和（827—835）、开成（836—840）
李炎	武宗	会昌（841—846）
李忱	宣宗	大中（847—859）
李漼	懿宗	大中（859）咸通（860—873）
李儇	僖宗	咸通（873）、乾符（874—879）、广明（880—881）、中和（881—885）、光启（885—888）、文德（888）
李晔	昭宗	龙纪（889）、大顺（890—891）、景福（892—893）、乾宁（894—898）、光化（898—901）、天复（901—904）、天祐（904）
李柷	景宗	天祐（904—907）

注：① 主要参考《旧唐书·本纪》《辞海·中国历史纪年表》（第六版彩图本）。

② 〔显庆〕中宗之后，为避李显的名讳，改称明庆。

③ 〔永隆〕玄宗之后，为避李隆基的名讳，改称永崇。

④ 〔光宅〕有一种说法是把光宅、垂拱、永昌、载初列为武后临朝时的年号。